探索千變萬化的星系
盡情漫遊宇宙！

班·赫柏德(Ben Hubbard)著
迪納摩有限公司(Dynamo Limited)繪
曾秀鈴 譯

晨星出版

目錄

宇宙大探祕

太空探索的時代

人類探索宇宙的時間其實並不長，一直到1940年代，才有人類製造的物體首次抵達太空。從那時起，人類從地球發射出各種飛行器進入宇宙，展開了太空探索的旅程。這些飛行器帶給人類不可思議的驚奇發現，甚至把人類帶上了月球。然而，即使如此，太空仍有許多未知等待我們去探索。

太空探索

很久以前，人類就會凝視著天空，好奇遙遠的彼方有什麼。17世紀人類發明了望遠鏡，可以將天空中的物體看得更清楚（參考第10頁）。但是直到20世紀中期火箭升空後，才能帶回第一手的資料。衛星於1957年第一次升空後，數十年來無人太空船飛越太陽系，造訪了無數星球，並成功登陸在月球、小行星和彗星上。

太空旅行

太空探索最偉大的成就，或許是在1969年，阿波羅11號（Apollo 11）的任務中人類首次成功登陸月球（參考第34頁）。當時在美國和蘇聯兩大強權的相互競爭之下，帶動了太空探索的熱潮，而成功登月則象徵了美國在太空競賽的勝利。後來，在1970年代早期，阿波羅月球任務結束，人類對其他星球的探索也暫時告一段落。

圖為1969年7月16日發射的阿波羅11號，載著第一批人類航向月球。

太空船讓好奇號（Curiosity，參考第60頁）探測車，登陸火星表面。

地球在太空中的位置

人類對宇宙的了解愈深，就愈能明白，地球是宇宙中多麼渺小的一部分。過去曾有一段時間，人類相信地球是宇宙的中心，並且占據了大部分的宇宙。直到現在，人類才知道，宇宙的宏偉完全超越我們的想像。太陽對我們來說是如此巨大，卻只是人類所處銀河系中超過100億顆星球的其中之一。相較之下，地球只是宇宙中一個很小的點。

透過哈伯太空望遠鏡（參考第96頁）所拍攝的照片，一小片天空，就包含了數千個星系。

航海家太空船仍在遙遠的宇宙某處航行中。

想要看更多

宇宙浩瀚，想要四處探索，需要花費非常長的時間。目前有兩艘太空船，航海家1號（Voyager 1）和航海家2號（Voyager 2），已飛離我們所在的太陽系，航向遙遠的太空（參考第84頁）。儘管太空船每小時可航行數千公里，卻仍要花上30萬年的時間才能通過下一個恆星。假如未來沒有發明某種神奇的交通工具，人類實際上能到達的地方將很有限。此時，我們只能藉由哈伯太空望遠鏡（參考第96頁），以虛擬方式探索無法抵達的宇宙外圍。

住在太空中

1998至2011年間，人類在地球上方的軌道上，建立了一個大型的流動實驗室，稱為國際太空站（International Space Station）（參考第46頁）。太空人通常會住在太空站好幾個月，進行各種實驗。近來太空旅遊的熱潮再度興起，有好幾家私人公司預計在不遠的將來，就能提供人們離開地球的太空之旅。各國政府也陸續重啟太空探索計畫，想將更多人類送到太空中。在月球建立基地、載人登陸火星，甚至殖民其他星球，所有的計劃都在進行中（參考第106頁）。

藝術家想像圖：有溫室和太陽能電池板的月球基地。

旅行指南

前往太空旅行，是非常具有挑戰性的。未來的太空探險家必須能夠應付各種危險，包括缺乏氧氣和食物、會把人烤焦的熱氣、酷寒的低溫，以及有毒的氣體。請留意書中出現的旅行指南，未來在前往行星和其他天體的任務中，我們將一一檢視會遇到的各種困難。

太空探索大事記

好幾個世紀以來，太空探索僅只於幻想。直到20世紀中期，第一個抵達太空的飛行器發明後，太空探索才成為真正的現實。此後，技術不斷進步，太空船愈飛愈遠，一開始飛入地球軌道，然後飛到月球，之後更穿越了太陽系。

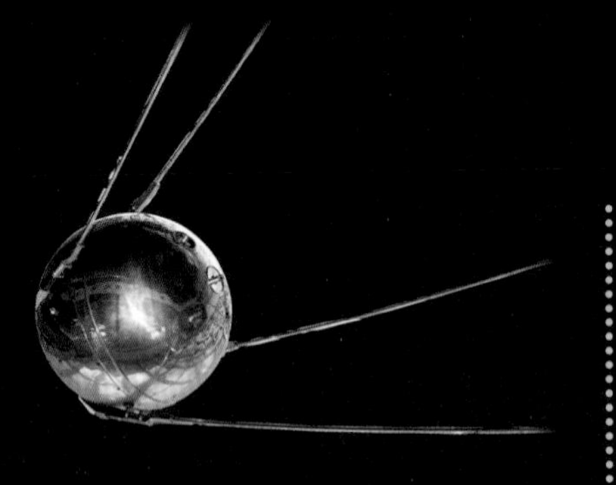

1926年3月16日
「現代火箭之父」羅伯特・戈達德（Robert Goddard）發射了第一枚液體燃料火箭。

1944年6月20日
二次大戰即將結束時，納粹德國發射了一枚以火箭作為動力的飛彈，即為知名的V-2，是人類所製造、第一個能飛到太空的物體。

1947年2月20日
美國發射了從德國繳獲的V-2火箭，果蠅成為第一批抵達太空的生物。

1957年10月4日
蘇聯R-7火箭發射第一顆衛星史波尼克1號（Sputnik 1）進入太空。

1957年11月3日
蘇聯發射史波尼克2號，上面載有第一個進入太空的哺乳動物太空狗萊卡（Laika）。

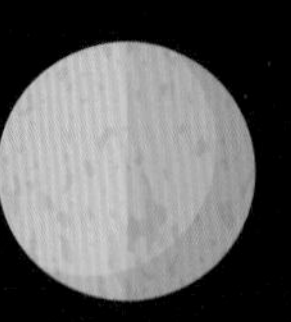

1959年1月4日
蘇聯發射月球1號（Luna 1），是第一個抵達月球的太空飛行器。9月，接任的月球2號刻意撞擊月球表面，成為第一個接觸其他天體的人造物體。

1961年5月19日
蘇聯的太空探測器金星1號（Venera 1）抵達金星，是第一個飛掠其他星球的太空船。然而，之後無線電訊號卻消失了，未能將探測器所收集的數據傳回地球。

1961年4月12日
蘇聯太空人尤里・加加林（Yuri Gagarin）是第一個進入太空的地球人，搭乘東方1號（Vostok 1）太空船。

1930 1935 1940 1945 1950 1955 1960 1965 1970

1969年7月20日
阿波羅11號任務中，人類首次登陸月球。

1971年4月19日
蘇聯發射了世界首座太空站1號（Salyut 1），兩年後美國立了天空實驗室（Skylab）。

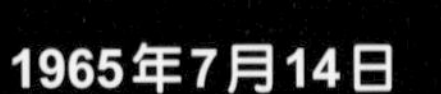

1963年6月16日
蘇聯太空人范倫蒂娜・泰勒斯可娃（Valentina Tereshkova）是第一個進入太空的女性太空人，搭乘東方6號太空船。

1965年3月18日
蘇聯太空人阿列克謝・列昂諾夫（Alexei Leonov）離開上升2號（Voskhod 2）太空船，完成史上第一次太空漫步。

1965年7月14日
1962年，蘇聯太空船火星1號（Mars 1）飛掠任務失敗，無法傳回照片。美國水手4號（Mariner 4）探測器完成第一次成功飛掠火星。

1971年11月27日
火星2號著陸火星時墜毀，是第一個抵達火星表面的太空船。

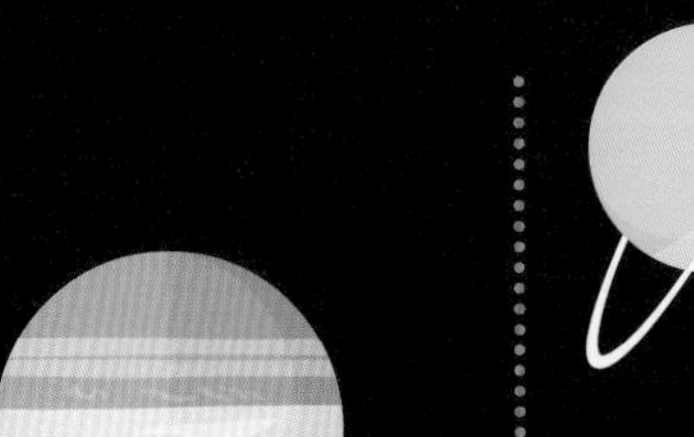

1979年3月5日
美國航海家1號探測器，完成第一次飛掠木星。

1979年9月1日
美國先鋒11號（Pioneer 11）太空船首次造訪土星。

1986年1月24日
航海家1號的姊妹船航海家2號，完成第一次飛掠天王星。

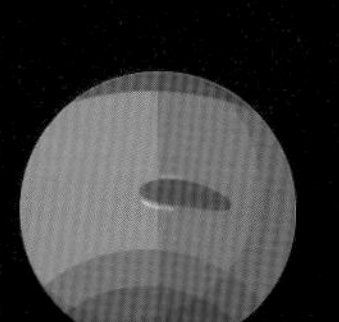

1989年8月25日
航海家2號完成任務，飛掠太陽系第8個、也是最後一個行星：海王星。

2005年1月14日
美國的惠更斯號（Huygens）機器人探測器，首次軟著陸在土星的衛星泰坦（Titan）上，是人類所嘗試過距離地球最遠的登陸行動。

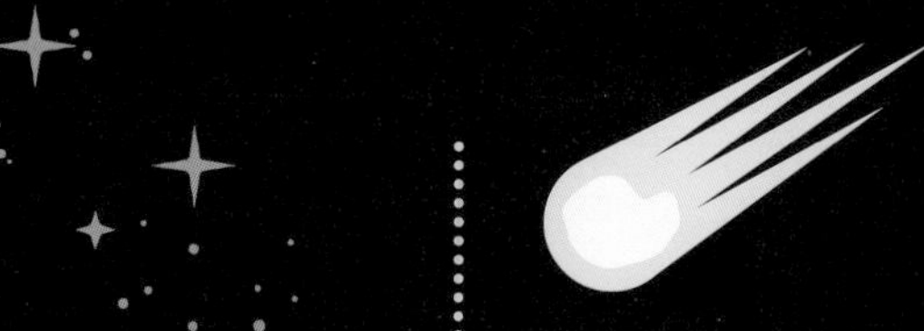

2014年11月12日
歐洲太空總署的菲萊號（Philae）是第一個成功登陸彗星的探測器，彗星名為67p/丘留莫夫－格拉西緬科（67p/Churyumov-Gerasimenko）。

1980 1985 1990 1995 2000 2005 2010 2015 2020

1981年4月12日
第一艘太空梭哥倫比亞號（Columbia）發射升空。

1990年4月25日
美國發射哈伯太空望遠鏡進入地球軌道。

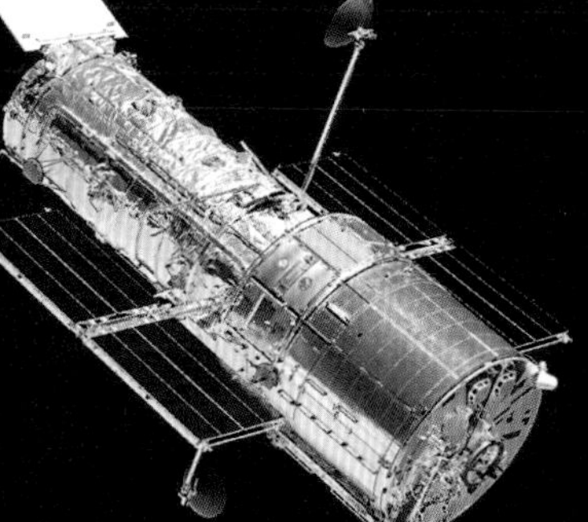

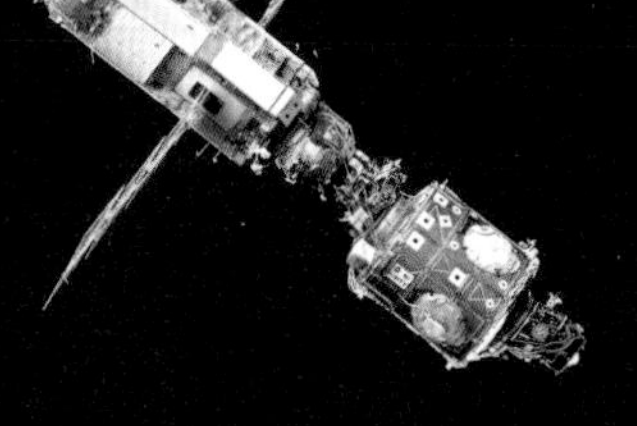

1998年11月20日
國際太空站發射第一個太空艙，進入地球軌道。

1997年7月4日
美國旅居者號（Sojourner）探測車登陸火星。

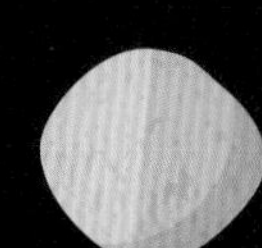

2018年9月21日
日本隼鳥2號（Hayabusa 2）首度讓探測車登陸小行星162173龍宮（162173 Ryugu）。

2019年1月1日
美國新視野號（New Horizons）探測器飛掠矮行星冥王星四年後，飛掠一個形狀怪異的小行星，這顆小行星又名為「天涯海角」（Ultima Thule），是太空船到目前為止到訪最遙遠的天體。

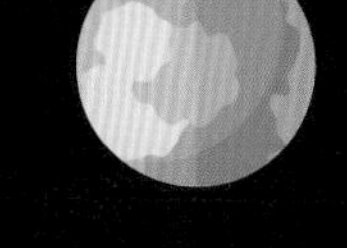

1974年3月29日
美國的水手10號是第一個到達水星的太空船，以飛掠的方式進行探測。

2019年6月2日
中國太空船嫦娥四號（Chang' e 4）完成首次在月球背面軟著陸。

早期的天文學家

古代文明認為，星星會在天空中形成神聖的圖案。早期的天文學家觀察太陽、月亮和行星的移動，試圖找出能解釋這一切的原因。而研究恆星、行星和太空的天文學，則被認為是世界上最古老的科學。

觀察天空測量時間

早期的天文學家會利用太陽、月亮和星星的移動來測量時間。從一個日出到下一個日出就是一天。從這次滿月到下一次滿月，就是一個太陰月。星星每晚都在天空中移動，並隨著季節而變化。看到天狼星（Sirius）在春天出現，古埃及農夫就知道尼羅河即將氾濫。尼羅河的生命之水滋潤了乾燥貧瘠的土壤，讓土壤變得肥沃，有利於農作物的生長。

在一個月的週期裡，月亮在夜空中的樣子。

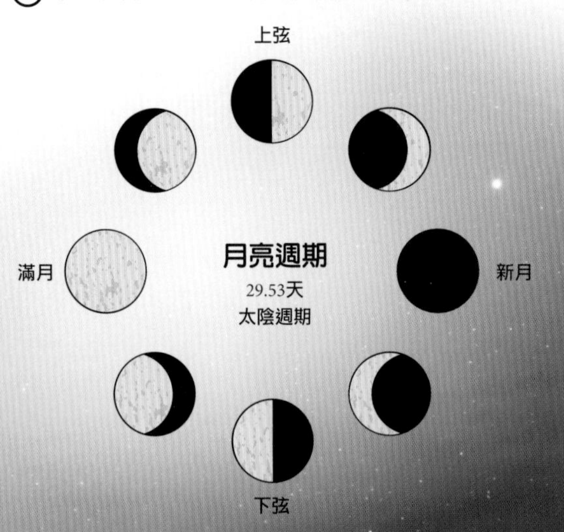

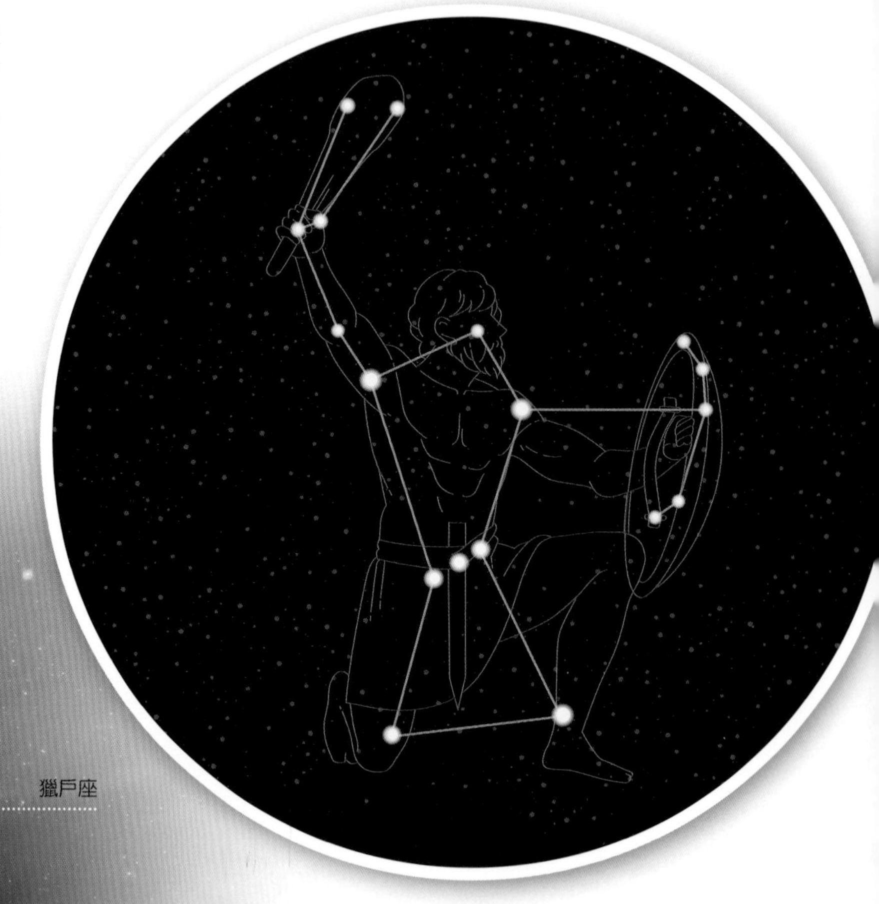

在一年中的不同時期，可分別從南半球和北半球看見獵戶座。

天狼星，又名為「狗星（Dog Star）」，在埃及的夜空中清晰可見。天狼星是天空中最明亮的星星，也是小犬座的一部分。

文明和星座

以前的人們，比我們更了解夜晚的星空。有些人相信太陽、月亮和星星是神祇的化身；有些人則想像星星會化為某些圖案、甚至創造出特定形象，並以神話和傳說中的生物和英雄為星星命名。有許多名字仍沿用至今，並把這些星星形成的圖案稱之為星座，其中很有名的獵戶座（Orion），就是由古老的希臘天文學家們，以神話中的獵人命名的。

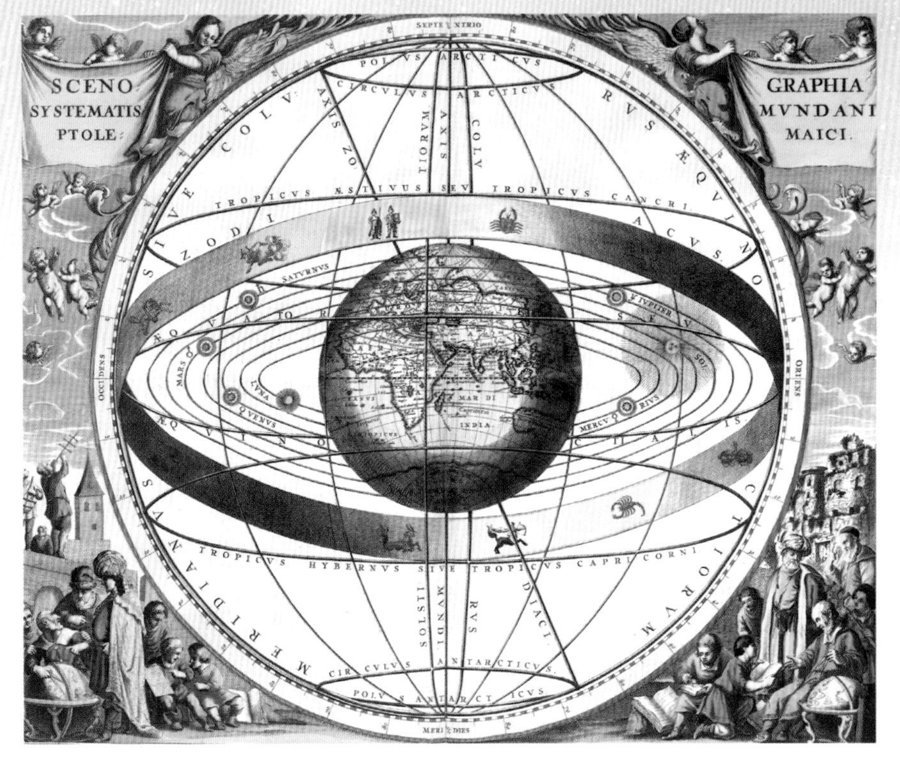

托勒密的學說

托勒密（Ptolemy，約公元100～170年）是一位有希臘血統的古埃及天文學家，他提出地球是個又大又圓的球體。在希臘人之前，許多人認為地球是平的。在約公元150年時，托勒密寫道，地球位於眾多空心球體的中心，太陽和行星分別固定在各自球體的內部，而這些球體都繞著地球運轉。雖然托勒密的理論後來証實是錯誤的，但人們仍深信不疑將近1,400年。

17世紀托勒密的天動說宇宙體系圖中，地球位於宇宙的中心。

15世紀的托勒密畫像。

哥白尼的質疑

1543年，一位波蘭的僧侶哥白尼（Copernicus）寫道，五顆已知的行星——水星、金星、火星、木星和土星——實際上是繞著太陽公轉的。不久後，丹麥天文學家第谷．布拉赫（Tycho Brahe）和助手約翰尼斯．克卜勒（Johannes Kepler）驗證了哥白尼的理論。克卜勒研究出行星並非以完美的圓形繞著太陽轉，而是以橢圓形的路徑運行，稱為橢圓軌道。

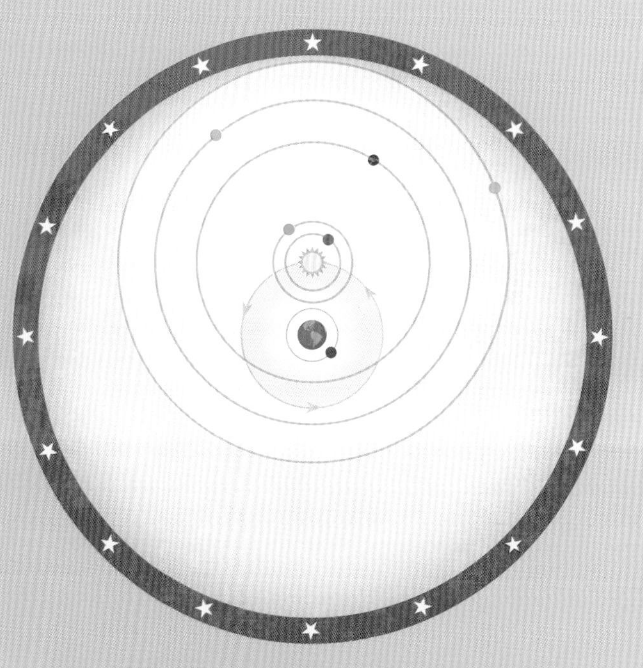

16世紀的第谷宇宙體系結合了哥白尼和托勒密的理論：太陽繞著地球轉，但其他行星繞著太陽轉。

布拉赫和克卜勒位於丹麥的天文台，配備了各種追蹤行星移動的儀器。

天動說

根據這個理論，地球位於宇宙的中心，而太陽繞地球軌道運行。

地動說

後來，科學家發現，應該是地球和其他行星繞太陽軌道運行。

地球望遠鏡

早期的天文學家只能憑藉肉眼研究星象，無法更深入地觀察太空。直到1608年，人類發明了望遠鏡後，情況才有所改善，當時利用了名為「透鏡」的彎曲玻璃，讓遠處的物體看起來更大更近，從此改變了人類對宇宙的認知，也幫助我們更了解地球在宇宙中的位置。

開創新天地的伽利略

1609年，義大利科學家伽利略・伽利萊（Galileo Galilei）製作出折射望遠鏡（參考右圖），能將物體放大20倍。伽利略利用望遠鏡，發現月球表面並非一片平坦，而是由隕石坑形成許多坑洞，並且發現了有四顆衛星圍繞著木星，進而驗證了哥白尼的理論：有些天體並沒有繞地球軌道運行。然而，當時勢力龐大的義大利天主教會並不接受伽利略的發現，教會仍固執地堅信地球才是宇宙的中心。

畫中是伽利略在威尼斯展示他的望遠鏡。之後他便被教會囚禁，餘生被軟禁在家中。

伽利略根據他從望遠鏡中看到的畫面，畫下月球的隕石坑和其他特徵。

牛頓設計、製作的反射望遠鏡複製品。

牛頓的反思

約於1687年，英國科學家艾薩克・牛頓（Isaac Newton）製作出一款全新的望遠鏡，稱為反射望遠鏡。反射望遠鏡使用反射鏡取代透鏡，和之前的折射望遠鏡相比，反射望遠鏡能將遠方的物體看得更清楚。牛頓以發現重力而聞名，重力是將物體彼此拉近的力量。重力將我們拉近地球表面、讓月球繞地球軌道運行，也讓太陽系中的地球和行星繞太陽軌道運行。

目前世界上最大的望遠鏡，加那利大型望遠鏡（Gran Telescopio Canarias）（如上圖）不過，一個全新的超大望遠鏡（Extremely Large Telescope，簡稱ELT）正在建造中，ELT配備了一個口徑39.3公尺的超大反射鏡。

折射望遠鏡 VS 反射望遠鏡

光學望遠鏡有兩種類型，
都是透過收集可見光來產生影像。

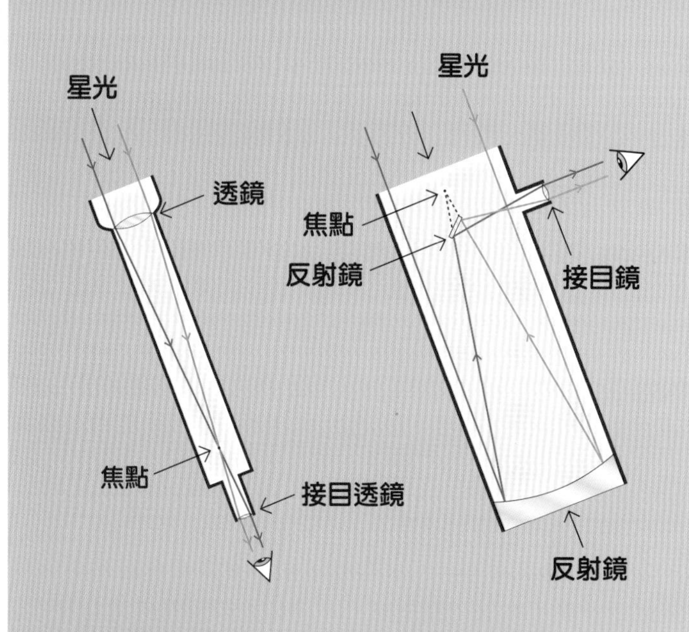

折射望遠鏡

透過一個大的前透鏡，來收集和聚焦光線，產生的影像可以透過接目鏡直接觀看。

反射望遠鏡

使用一個大的反射鏡收集可見的光線，然後反射影像到觀看者的接目鏡上，或透過較小的反射鏡拍攝影像。

赫雪爾把望遠鏡變大了

18世紀後期，英國天文學家威廉．赫雪爾（William Herschel）建造了大型的反射望遠鏡，希望能更深入觀察太空。1781年，他利用望遠鏡發現了一個新的行星：天王星（參考第78頁）。幾年後，他建造了一個最大的望遠鏡，裝設了口徑達122公分的反射鏡，以當時的標準來說非常龐大。時至今日，大型望遠鏡通常建造在天文台高處，聚集在一起偵察天空。畢竟在高海拔地區，望遠鏡較不會受到城市燈光或大氣的干擾。

無線電波探索宇宙

電波望遠鏡有大碟子和天線，可以偵測太空中物體發出的射頻輻射（Radio-Frequency Radiation）。

國家電波天文台（National Radio Observatory）的特大天線陣（Very Large Array，簡稱VLA）電波望遠鏡，位於美國新墨西哥州。

早期的火箭

任何物體想要進入太空，會遇到的主要障礙就是重力。為了克服重力的拉力，讓物體進入軌道，必須產生巨大的向上推力。這點只有火箭辦得到。然而，火箭最初設計的目的並非為了探索太空，而是作為戰爭的武器。

從煙火到彈頭

為了向上發射火箭，必須使用爆發物，就是我們所知的推進劑。歷史上第一個推進劑是火藥，由中國人在10世紀時發明，當時是使用在煙火上。1805年，英國軍官威廉・康格里夫（William Congreve）建造了使用火藥推進的火箭，在彈頭處酬載了火藥（見下圖）。這款火箭預計可飛行2公里，並在撞擊後爆炸，這是史上第一枚彈頭飛彈。

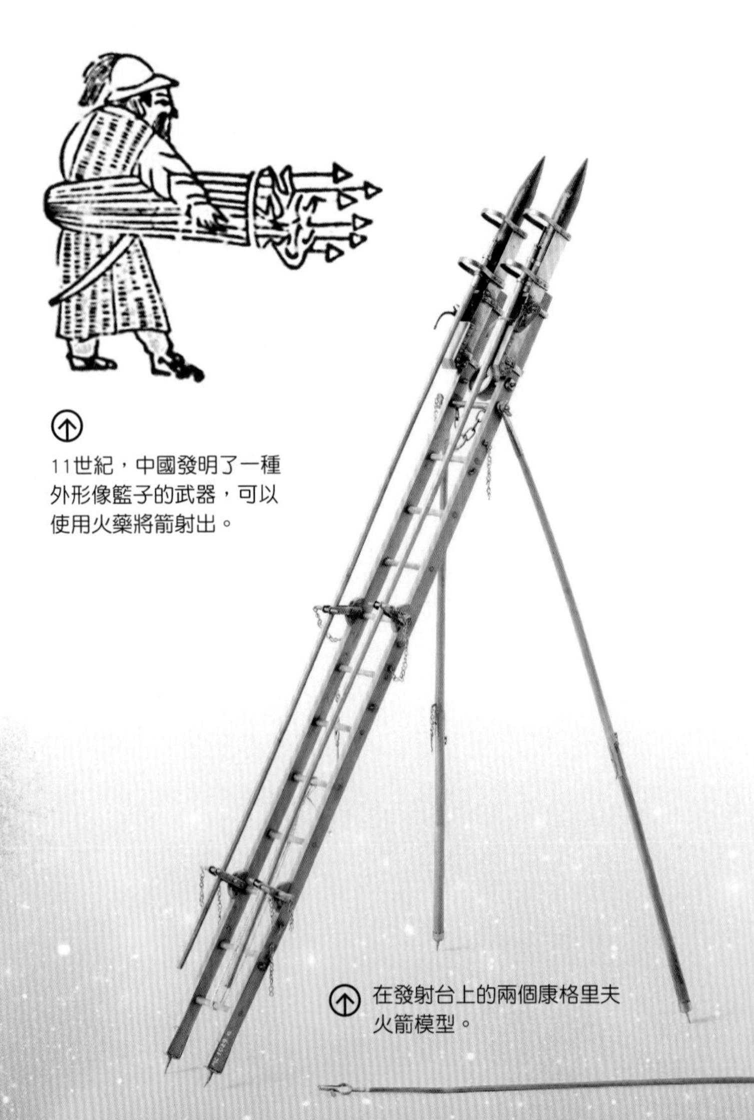

11世紀，中國發明了一種外形像籃子的武器，可以使用火藥將箭射出。

在發射台上的兩個康格里夫火箭模型。

康斯坦丁・齊奧爾科夫斯基站在工作室裡，與兩個金屬飛船模型合影。

齊奧爾科夫斯基的理論

俄羅斯科學家康斯坦丁・齊奧爾科夫斯基（Konstantin Tsiolkovsky，1857～1935年）對於將火箭發射到太空的可能性深深著迷。為了抵達軌道，齊奧爾科夫斯基計算出火箭需要達到的速度為每秒7.9公里或每小時28,000公里，這被稱為「軌道速度」。火箭需要有比火藥更強大的推進器，才能達到這個速度。齊奧爾科夫斯基建議使用結合氫和氧的液體推進劑，並在火箭上搭載額外的燃料，以在各節火箭使用。

戈達德取得領先

1926年，美國教授羅伯特・戈達德發射了第一枚液體燃料火箭，證明齊奧爾科夫斯基的理論是正確的。戈達德的火箭「尼爾」（Nell）以汽油和液態氧作為動力，飛行了2.5秒，高度達到12公尺。之後戈達德繼續研發比音速還快的火箭，就像齊奧爾科夫斯基一樣，他也提出，可以利用多節設計的火箭帶人類上太空。

被稱為「現代火箭之父」的戈達德，站在世界第一枚液體燃料火箭「尼爾」旁。

復仇火箭

1920和1930年代，業餘火箭學會在整個歐洲興起。受到工程師赫爾曼・奧伯特（Hermann Oberth）和華納・馮・布朗（Wernher Von Braun）兩人研究成果的激勵，德國的太空旅行學會取得領先。到了1930年代中期，馮・布朗成為納粹黨火箭計畫的工程技術總監。馮・布朗運用了戈達德的液體燃料火箭理論，製造出「復仇武器二號」（Vergeltungswaffe 2），簡稱V-2，這枚飛行炸彈可以在6分鐘內飛行320公里。二次大戰期間，有超過3,000枚V-2火箭擊中了倫敦和安特衛普。

納粹的V-2火箭技術遙遙領先全世界好幾年，同盟國迫切地想得到它。

火箭是如何發射的？

火箭利用作用力和反作用力的原理升空。當爆炸的氣體從火箭的噴嘴朝一個方向噴出，火箭就會從另一個方向推進。

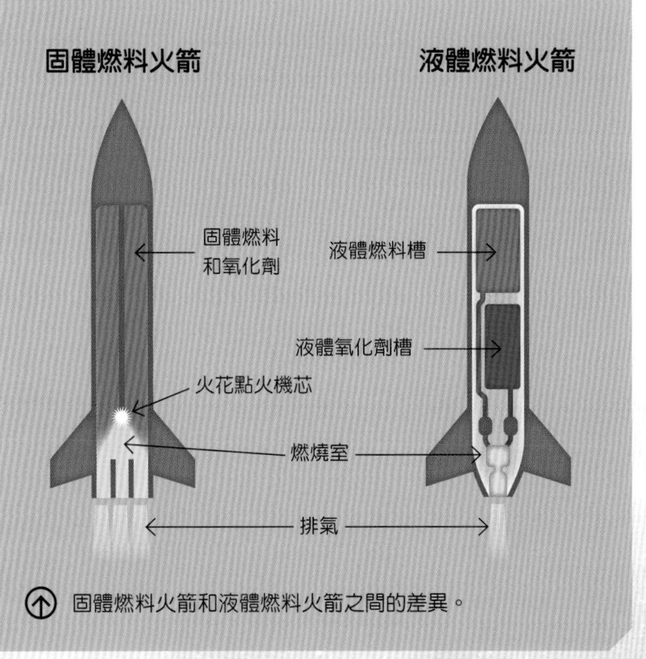

固體燃料火箭和液體燃料火箭之間的差異。

太空競賽

二次大戰後，美國、蘇聯兩大強權崛起。雙方都想掌握德國的祕密火箭技術，互不相讓，於是開啟了兩大強國間的激烈競爭，也就是我們所熟知的「太空競賽」。

戰爭灰燼中殘留的火箭

美國和蘇聯的士兵在德國搜索，想找到尚未使用過的V-2飛彈。這款飛彈可以飛行超過300公里，輕易飛越各國邊境，非常搶手。蘇聯在德國中東部某個山丘下的祕密工廠發現了數百枚V-2火箭，蘇聯士兵也俘虜了一些V-2科學家，但美國中了最大獎：V-2設計師華納・馮・布朗主動向美軍投降。

馮・布朗（照片中手臂上石膏者）和德國火箭科學家，攝於1945年向美軍投降後。

二次大戰結束前不久，美國政治人物視察V-2工廠。估計約有25,000名奴工死於建造V-2火箭。

華納・馮・布朗

雖然華納・馮・布朗曾是納粹黨衛軍軍官，但由於他所擁有的火箭專長對美國至關重要，因此戰後他被允許定居美國，作為回報，他成為了國家彈道武器計畫的技術總監。1950年代，華納・馮・布朗成為美國太空計畫的要角，並在新成立的美國國家航空暨太空總署（簡稱NASA）中擔任主任，他主導了農神5號（Saturn V）火箭的研發，並在1960年代，成功將人類送上月球。

儘管馮・布朗堅稱，自己是被迫成為納粹戰爭機器的一份子，但他充滿爭議的過去仍經常被提及。照片攝於1960年，當時他是NASA馬歇爾太空飛行中心的主任。

冷戰

二次大戰後，美國和蘇聯之間長達數十年處於敵對狀態，稱為「冷戰」。兩大陣營雖然沒有直接的衝突，但背後卻隱藏著核戰的威脅。太空競賽便是由這樣的敵對狀態演變而成，人們擔心，一個能夠建造火箭並讓火箭飛到太空的國家，在軍事前線上的戰力將不可小覷。

蘇聯的宣傳海報，以女性太空人為主角，標題為「征服宇宙」！

科羅廖夫（最右邊）與尤里・加加林（左邊數來第二位，參考第22頁）合影。科羅廖夫將V-2的設計加以延伸，建造了世界上最強大的火箭R-7。

謝爾蓋・科羅廖夫

蘇聯火箭科學家謝爾蓋・科羅廖夫（Sergei Korolev）是華納・馮・布朗在太空競賽中的對手。科羅廖夫曾被關在蘇聯古拉格集中營六年，出獄後才被任命為太空船的首席設計師。為了保持絕對機密，不讓人知道他有足以匹敵馮・布朗的才智，蘇聯官方文件從未提及他的名字，因此世人對他的貢獻所知甚少。這位科學家的存在，讓蘇聯得以在太空競賽的前五年保持領先地位。

首先進入軌道

第一個軌道發射載具是俄羅斯的R-7火箭，載送史波尼克衛星進入地球軌道。接著是美國的朱諾1號（Juno 1），運載了探險者1號（Explorer 1）衛星進入軌道。

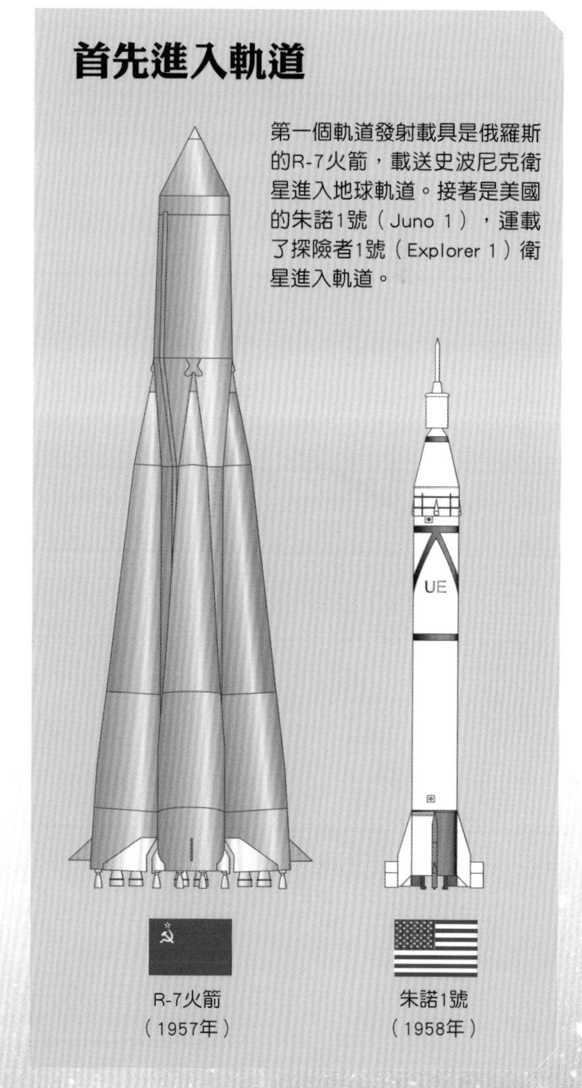

史波尼克

1957年，蘇聯發射了第一顆衛星進入太空，震驚了全世界。衛星是繞行星或恆星軌道運行的物體。史波尼克1號大小類似一顆海灘球，裝載在最強大的R-7火箭最前端。這項成就使蘇聯在太空競賽中遙遙領先，並嚴重打擊了美國的信心。

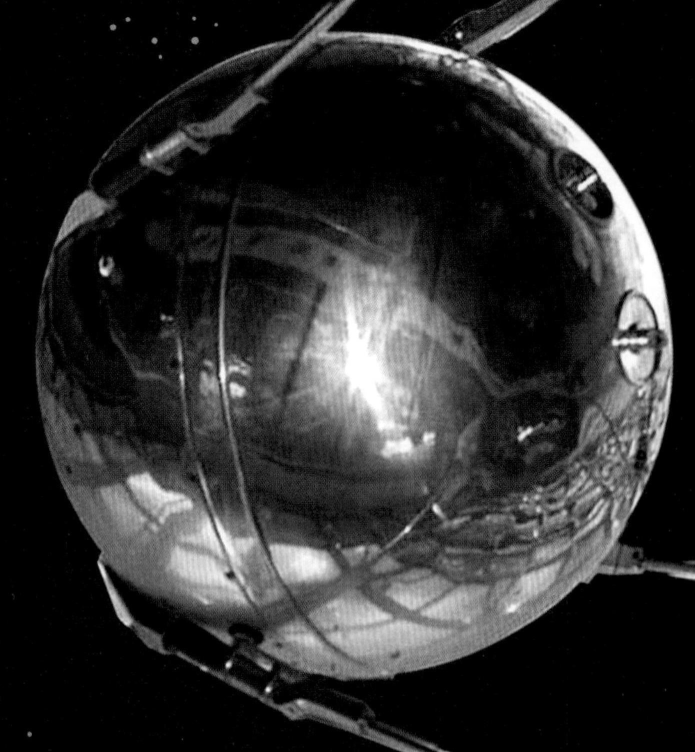

史波尼克花了三個星期、繞行了1,400圈軌道之後，電量耗盡，兩個月後燒毀在地球大氣層中。

史波尼克1號

史波尼克1號於1957年10月4日發射升空，它是個有四根天線的金屬球，在繞地球軌道運行時，會發出無線電的嗶嗶聲。嗶嗶聲會被全世界的無線電接收器接收，但就像史波尼克衛星本身，這些訊號並不具備實質的功能。史波尼克只是蘇聯武力宣傳的象徵：顯示蘇聯擁有可到達地球軌道的火箭，而且正在美國土地上方移動著。

失敗的衛星

在史波尼克之後，美國急著想將自家的衛星送入軌道。先鋒TV-3號於1957年12月6日大張旗鼓地發射，但卻以失敗告終，令眾人大失所望。運載衛星的火箭升到空中僅1公尺處，就墜落地面並翻覆。衛星從火箭頂部飛出，並持續發出無線電的嗶嗶聲。這次發射是一場讓美國面子全失的災難。

先鋒TV-3號發射失敗，成為美國報紙該死的頭條，媒體紛紛玩弄Sputnik這個字眼，還創造出Flopnik、Kaputnik這兩個字加以大肆嘲諷。（註：Sputnik為蘇聯發射的第一顆衛星「史波尼克」。Flop意為失敗，FlopniK意思是「失敗的衛星」；Kaput解作受損或無用，Kaputnik意思是「沒用的衛星」。）

「……他們只是在空中放了一顆小球。」

艾森豪總統試圖淡化蘇聯的成就。

探險者1號

先鋒TV-3號衛星是美國海軍腦力激盪的成果。後來，在海軍尷尬的失敗之後，政府就將目標轉向華納・馮・布朗，而他答應在90天內發射一顆新衛星上太空。探險者1號是顆鏢槍型衛星，搭載在朱諾1號的火箭前端。1958年1月31日，探險者1號順利發射升空，也讓美國重回太空競賽的行列。

慶祝探險者1號這顆雪茄型衛星的成功發射，由NASA噴射推進實驗室所設計的合成圖。

到達軌道

太空船進入地球軌道後需要維持一定的速度，才能避免被拉回地球。速度視高度而定，而在地球上方240公里處，太空船需要以每秒7.6公里的速度航行。為了擺脫行星的重力，火箭必須達到一個速度，這稱為脫離速度。計算得知，太空船想要離開地球，需要以每秒至少11.2公里的脫離速度航行。

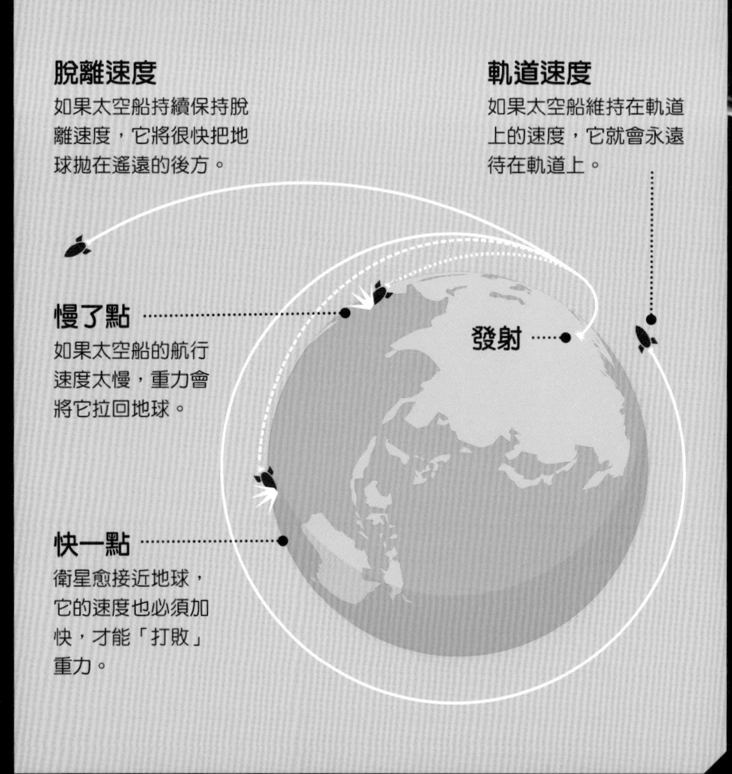

脫離速度
如果太空船持續保持脫離速度，它將很快把地球拋在遙遠的後方。
軌道速度
如果太空船維持在軌道上的速度，它就會永遠待在軌道上。
慢了點
如果太空船的航行速度太慢，重力會將它拉回地球。
發射
快一點
衛星愈接近地球，它的速度也必須加快，才能「打敗」重力。

先鋒1號

1958年3月，美國海軍再次獲准嘗試發射衛星先鋒1號（Vanguard 1），它的任務是要記錄地球外大氣層的數據。不像探險者1號使用的是電池，先鋒1號是由太陽能電池供電，因此能夠持續將數據傳回地球，一直到1965年才停止。時至今日，它還在地球軌道上運行。

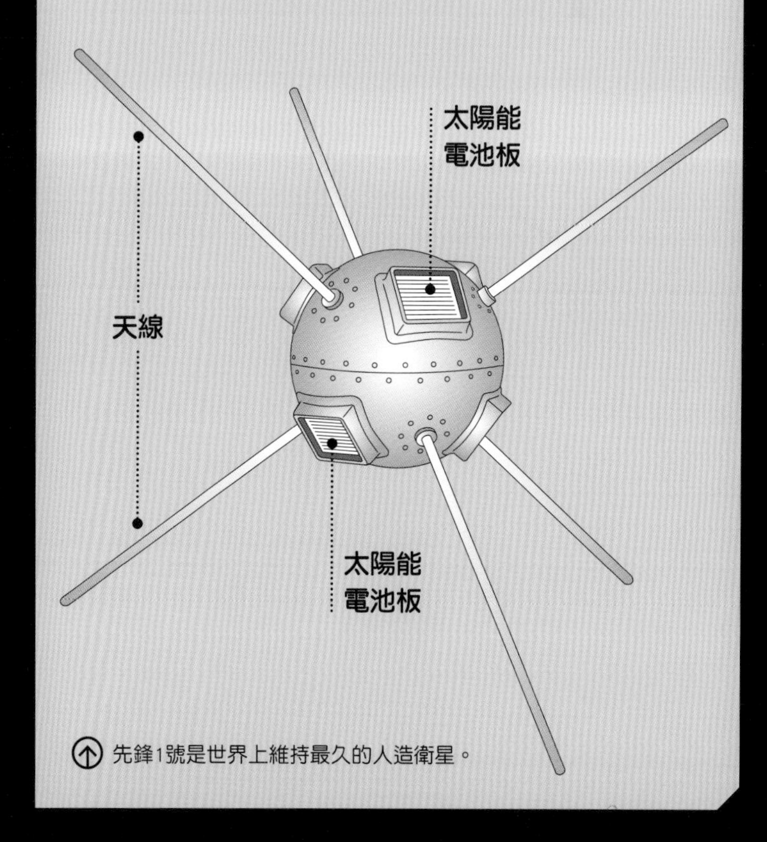

先鋒1號是世界上維持最久的人造衛星。

衛星

只有月球是繞地球軌道運行的天然衛星，其他的衛星都是人造的。自從1957年，第一顆人造衛星史波尼克1號發射後，至今共有約9,000顆衛星被發射到地球軌道上。這些人造衛星幫助地球上的人類進行通訊、導航和環境觀察等研究。

不同的軌道

衛星以不同的距離繞地球軌道運行。衛星離地球愈近，繞行軌道一圈的速度愈快。

低軌道
160公里

中軌道
20,350公里

高軌道
35,800公里
但有些衛星會在更高的軌道運行

通訊衛星

通訊衛星讓地球上的人類，能夠24小時獲得訊息，互相交流。衛星先收集地球上某處電視、無線電、電話和網路的訊息，再傳回地球上的其他地方。

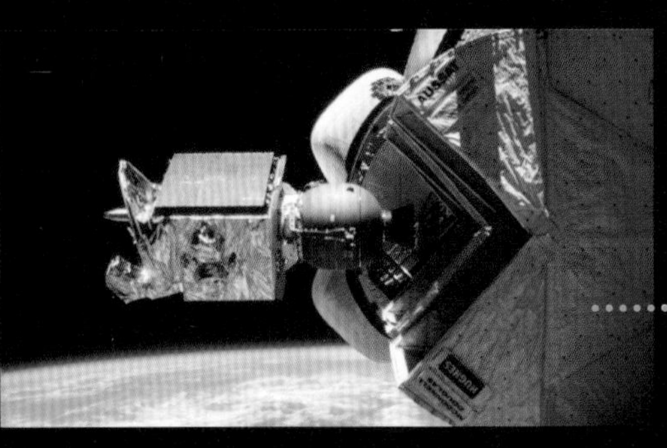

1985年8月27日，太空梭（參考第44頁）部署了一顆通訊衛星。

導航衛星

藉由數顆衛星的合作，例如美國的全球定位系統（簡稱GPS），可以傳送訊號到智慧手機之類的接收器，幫助地球的人類進行導航。接收器可接收至少四顆衛星傳來的訊號，計算出接收訊號所需時間，並算出它和每顆衛星的距離，由此得知它在地球上的確切位置。

如果不再需要某顆衛星，它可能會被送入地球上方的死亡軌道，並遠離其他衛星的運行範圍。

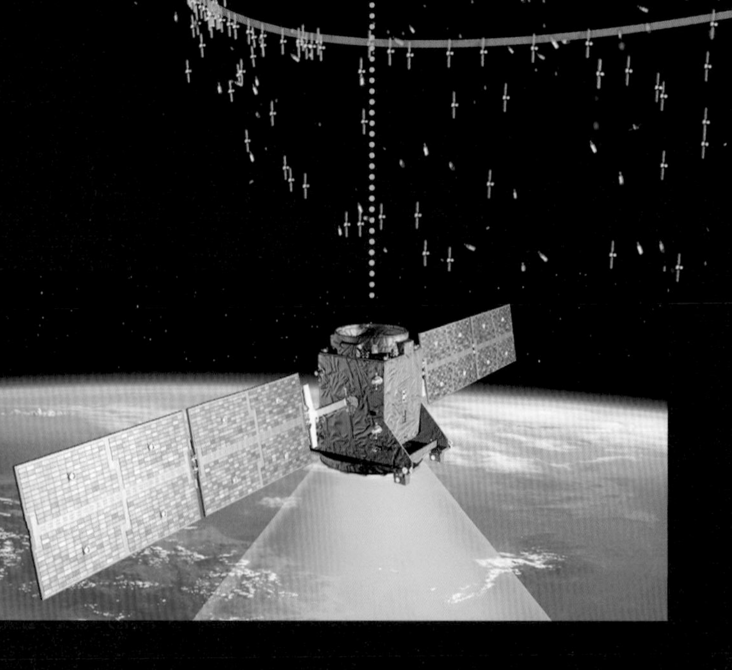

間諜衛星

間諜衛星又名為偵察衛星，由政府和軍方設置，用來監視其他國家。由於是高度機密，這些繞行地球軌道的衛星數量不明。

氣象和環境衛星

氣象和環境衛星監控著地球表面的狀況，並將資訊傳送給地面的工作站。氣象衛星收集的數據包羅萬象，從雲層、氣溫到風速、浪高都有。環境衛星則是提供人類了解地球變化的視角，包括冰原縮小、湖泊和河流的減少。

GOES-16是地球靜止軌道上的氣象衛星，以相同速度繞地球軌道運行，在天空中保持靜止不動，總是在同一點上。

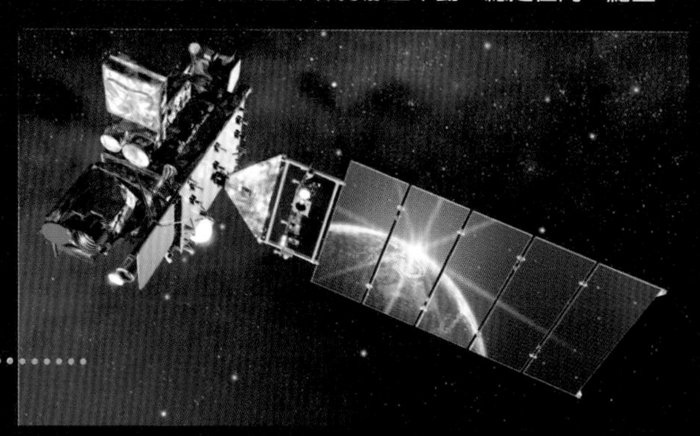

太空垃圾

根據統計，自1957年以來，人類大約發射了9,000顆人造衛星，而現在大約有5,000顆仍在軌道上運行。許多衛星在重返地球時墜落或燃燒了，有些則分裂成許多碎片，成為太空垃圾。地球軌道上估計約有超過8,400公噸的太空垃圾，從油漆斑點到死掉的衛星應有盡有。

20,000

地球的軌道上，有超過20,000個比壘球大的物體。

摧毀衛星

2007年，中國使用彈道飛彈摧毀了一顆氣象衛星，衛星碎片在地球軌道上形成一團煙霧。

衛星碰撞

從1990年代起，美國的銥星33號（Iridium 33）和蘇俄的宇宙2251（Cosmos　2251）衛星就已經在軌道上運行了。2009年發生了這兩顆通訊衛星碰撞的事故，因此產生了更多碎片。

每小時28,000公里

太空垃圾對未來的太空任務將造成嚴重的威脅。物體繞地球軌道運行的速度大約是每小時28,000公里，在這個速度之下，就算只是油漆的斑點，都可能使太空船的窗戶產生裂痕。

太空生物

隨著第一艘太空船飛射進入軌道，接下來要比的就是誰先把人類送上太空。史波尼克1號發射後一個月，史波尼克2號就載了一位乘客——太空狗萊卡上了太空。萊卡和後來的動物們，為人類上太空的任務打下了良好基礎。

萊卡是第一個進入地球軌道的動物。

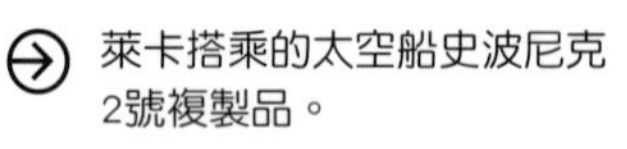

萊卡搭乘的太空船史波尼克2號複製品。

送流浪狗上太空

萊卡原本是隻流浪狗，因為她沉穩的個性而獲選執行史波尼克2號任務。她願意穿著收集排泄物的狗尿布，在狹窄的空間裡坐上好幾個小時。1957年11月3日史波尼克2號發射後，萊卡原本存活下來了，但在103分鐘後，太空船的隔熱罩發生故障，溫度急遽上升，萊卡最後可能因無法承受高溫和壓力而死亡。

貝爾卡（圖左）和史翠卡（圖右）是地球軌道航行任務中，首次存活下來的小狗。

貝爾卡和史翠卡

1960年，名為貝爾卡（Belka）和史翠卡（Strelka）的小狗成功進入太空，同行的還有1隻兔子、2隻大老鼠和42隻小老鼠。進入地球軌道後，兩隻狗起初毫無動靜。直到軌道航行進入第四圈後，貝爾卡吐了，兩隻狗也開始吠叫。牠們竟然還活著！貝爾卡和史翠卡在太空待了一天後，安全地回到地球，並成為全球名犬。同行的兔子、大老鼠和小老鼠也活下來了。

早期上太空的動物

萊卡得到全球的矚目，但其實蘇聯和美國早就在火箭上搭載過好幾種動物上太空。1947年，美國在一趟次軌道的航行中，讓果蠅上了太空。果蠅越過了海平面100公里的卡門線（Kármán Line，卡門線是公認的外太空與地球大氣層的分界線，位於海拔100公里處）後抵達太空，但並未完成一趟軌道飛行，最後果蠅安然無恙地回到地球。1948年，V-2火箭搭載著一隻名叫阿爾伯特（Albert）的恆河猴升空，卻未能生還。直到1959年，才有兩隻母猴亞柏小姐（Miss Able）和貝克小姐（Miss Baker）安全返航的記錄，其中貝克小姐回到地球後還存活了25年。

1959年，松鼠猴貝克小姐成為第一個從太空旅行生還的哺乳動物。

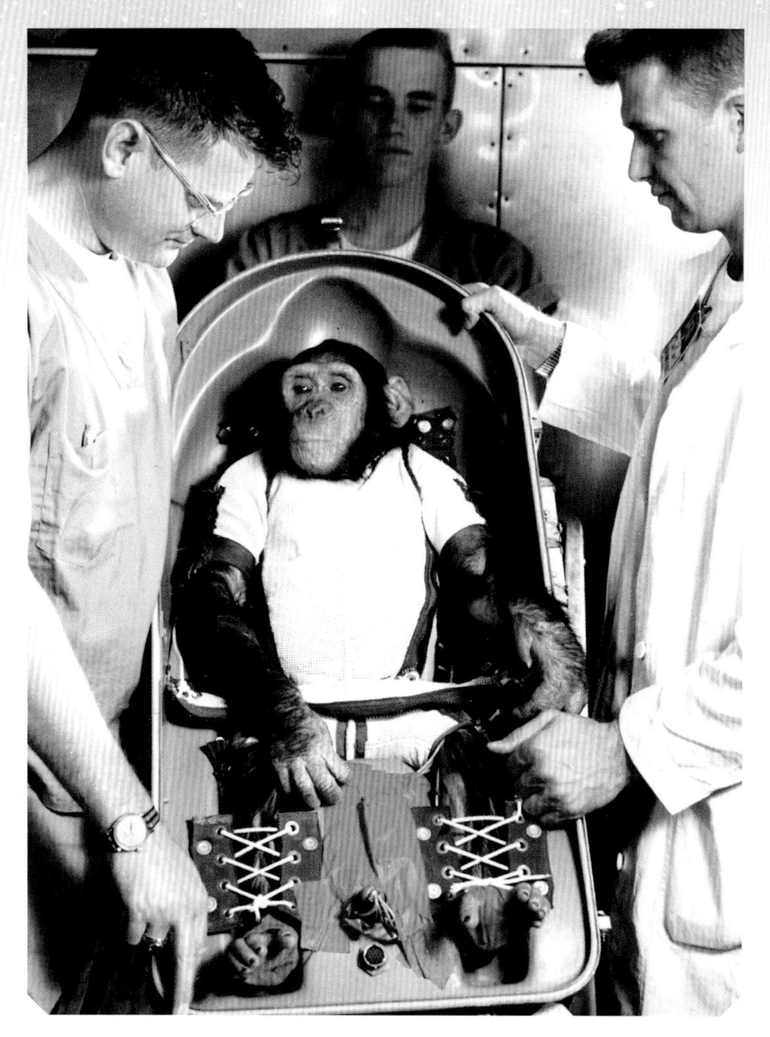

1961年1月31日，黑猩猩漢姆正為太空飛行做準備。

漢姆助力

1961年，美國為首次載人太空飛行任務進行了最後的彩排，太空船載著黑猩猩漢姆（Ham）進行了一趟15分鐘的次軌道飛行。飛行途中，漢姆經歷了超過6分鐘的失重狀態。儘管攝影機捕捉到漢姆在起飛和著陸時的焦慮不安，牠還是依照航行前的訓練成功完成了任務。最後漢姆安全地返回地球，並活到了1983年。

在人類之後

人類在1969年登陸月球之後，動物在太空中扮演的角色就此改變。動物被送上太空的任務，是為了測試長期處於失重狀態的影響，以及觀察在太空中是否有可能交配。1973年，有兩隻蜘蛛被送上天空實驗室太空站執行任務。這兩隻蜘蛛叫作安妮塔（Anita）、阿拉貝拉（Arabella），牠們試圖在太空中編織蜘蛛網，雖然一開始失敗了，但在適應了微重力狀態後，蜘蛛還是成功編織出了完美的蜘蛛網。

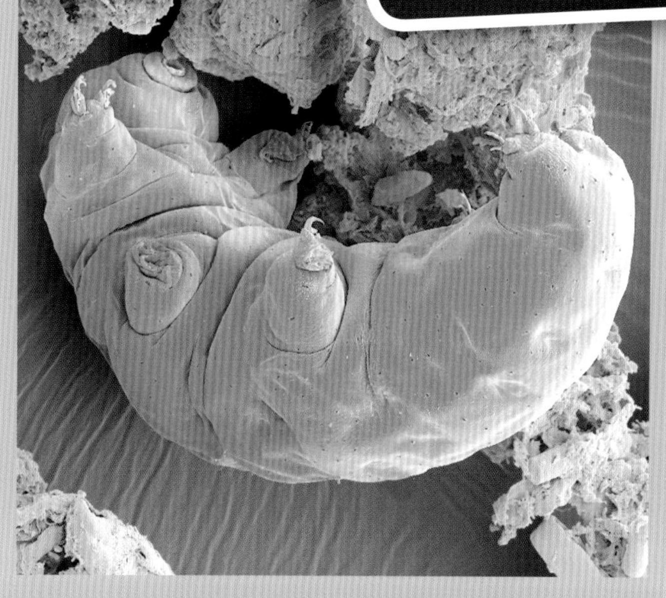

2019年，一架月球登陸器抵達月球時墜毀，上面載有成千上萬的緩步動物：一種被稱為水熊蟲（Water Bears）的微生物。緩步動物能夠在極端條件下生存，所以可能有些還活著。

太空動物數字統計

108公里

1947年第一批動物果蠅飛到外太空所到達的高度。

32

飛到太空的猴子總數量。

22

1966年蘇俄太空狗微風（Vetrok）和煤球（Ugolyok）在地球軌道上待的天數。這仍是至今最久的犬隻太空飛行紀錄。

2000+

1998年4月17日，哥倫比亞號太空梭送到太空的生物數量。

第一個太空人

1961年，蘇聯取得了太空競賽中首次領先。4月12日，蘇聯太空人尤里．加加林搭乘東方1號太空船，進入了地球軌道。加加林成為第一個進入太空的人類，也使蘇聯在當時的太空競賽中居於領先地位。

尤里．加加林在東方1號上準備啟航。

東方計畫

東方1號是個小小的太空艙，從三節的R-7火箭頂端發射，這個設計是為了將尤里．加加林帶上太空。在繞行地球軌道一圈，共歷時108分鐘後降落。

東方號太空船

東方1號由兩個部分組成：返回艙和設備艙。返回艙包括加加林的彈射座椅、控制面板和減緩東方1號返航速度的後推火箭。雖然東方1號設置了控制面板，但這艘太空船是完全自動化的。

R-7火箭

R-7火箭是世界上第一個洲際彈道飛彈，在執行東方號任務前，曾發射過史波尼克衛星。

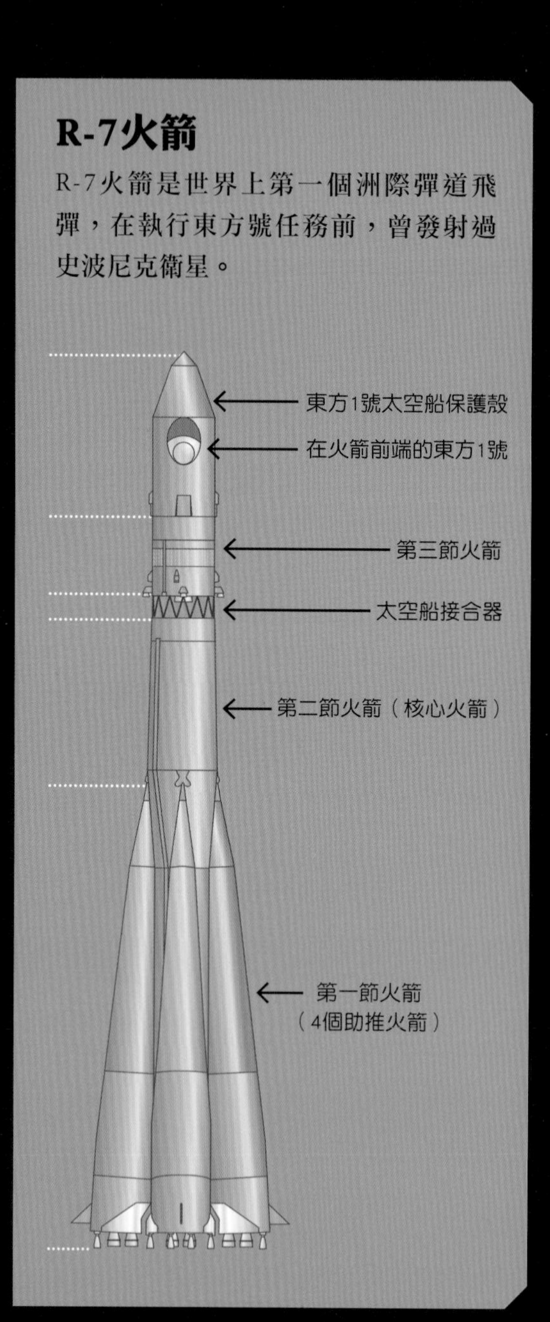

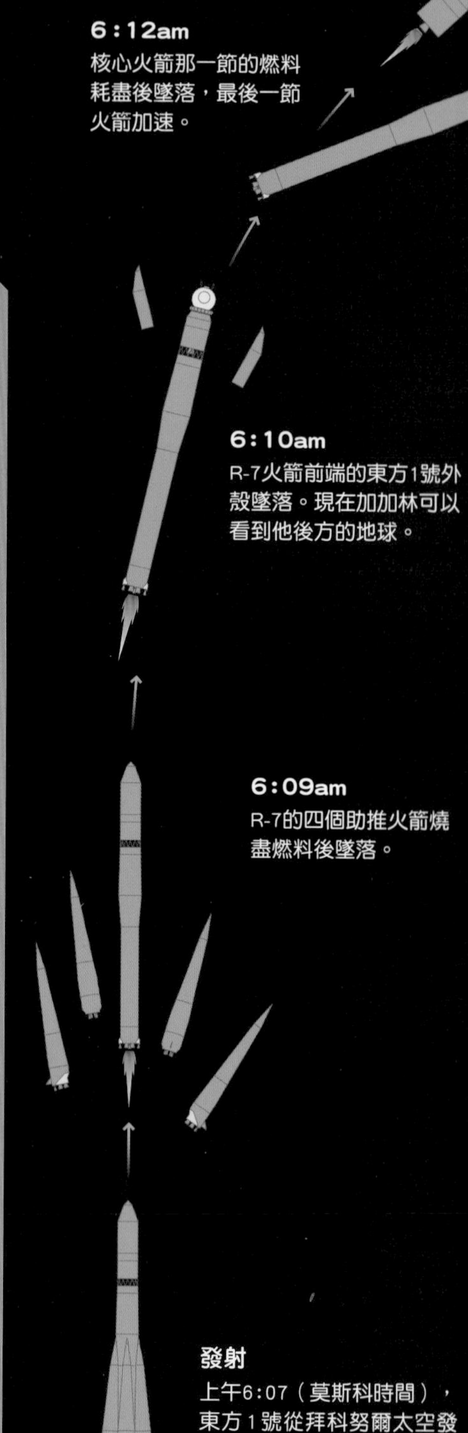

6:12am
核心火箭那一節的燃料耗盡後墜落，最後一節火箭加速。
6:10am
R-7火箭前端的東方1號外殼墜落。現在加加林可以看到他後方的地球。
6:09am
R-7的四個助推火箭燒盡燃料後墜落。
發射
上午6:07（莫斯科時間），東方1號從拜科努爾太空發射場發射，尤里．加加林大喊：「我們出發！」

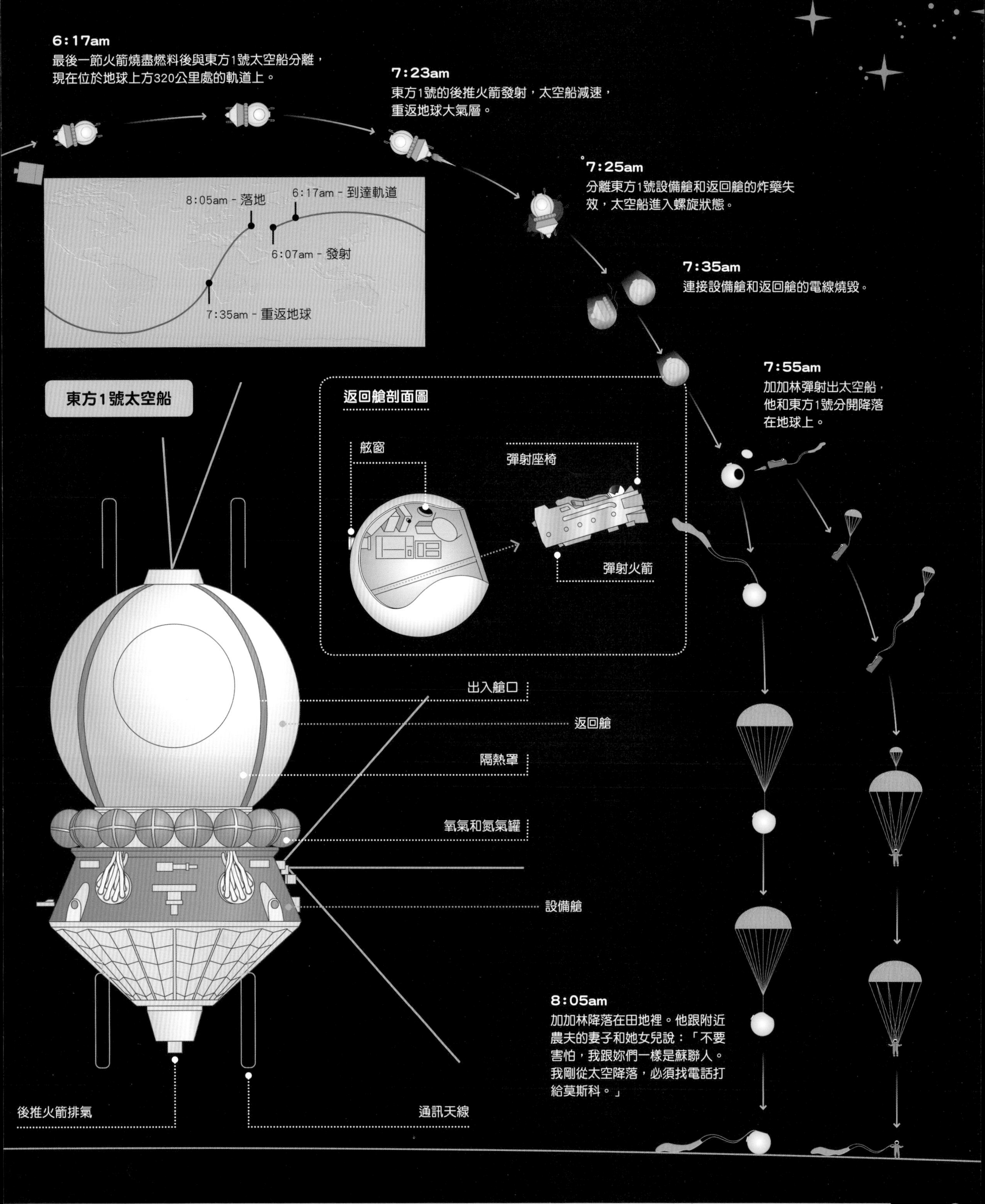
6:17am
最後一節火箭燒盡燃料後與東方1號太空船分離，現在位於地球上方320公里處的軌道上。
7:23am
東方1號的後推火箭發射，太空船減速，重返地球大氣層。
7:25am
分離東方1號設備艙和返回艙的炸藥失效，太空船進入螺旋狀態。
7:35am
連接設備艙和返回艙的電線燒毀。
7:55am
加加林彈射出太空船，他和東方1號分開降落在地球上。
8:05am
加加林降落在田地裡。他跟附近農夫的妻子和她女兒說：「不要害怕，我跟妳們一樣是蘇聯人。我剛從太空降落，必須找電話打給莫斯科。」
8:05am - 落地
6:17am - 到達軌道
6:07am - 發射
7:35am - 重返地球
東方1號太空船
返回艙剖面圖
舷窗
彈射座椅
彈射火箭
出入艙口
返回艙
隔熱罩
氧氣和氮氣罐
設備艙
後推火箭排氣
通訊天線

太空先鋒

尤里・加加林成為第一個進入地球軌道的人類後，美國便急於想要迎頭趕上。1960年代早期，美國宣布了一系列目標遠大的載人太空計畫。然而，事實上蘇聯繼續保持著領先，直到甘迺迪的演說讓美蘇雙方都提高了賭注。

雪帕德打頭陣

在龐大的壓力之下，美國勢必得將自家的太空人送入太空，NASA終於在1961年5月2日付諸行動。艾倫・雪帕德（Alan Shepard）搭乘了水星計畫系列的自由7號（Freedom 7）太空船升空，水星計畫的太空船比蘇聯的東方號來得小且輕。不同於東方號，水星計畫的太空船配置了操縱桿，太空人可以進行手動操控。然而，水星－紅石火箭（Mercury-Redstone）搭載的自由7號，因動力不足，最後只能在次軌道航行。

穿著水星計畫太空衣的艾倫・雪帕德。他搭乘自由7號在太空中待了15分鐘，之後濺落在大西洋海面。

蘇聯第二位太空人戈爾曼・季托夫（照片中的他穿著飛行服）的航行打破紀錄：他繞行地球17.5圈，歷時25小時18分鐘。

季托夫再度領先

蘇聯決心維持太空競賽的領先地位，於是進行了一項最大膽的計畫。1961年8月6日，戈爾曼・季托夫（Gherman Titov）搭乘東方2號進入軌道，任務是要成為第一個在太空待上一整天的人類，並且從太空船內拍攝地球。他也達成了一項「神奇的」成就，成為第一個在太空中嘔吐的人類。這項任務的成功，再度讓蘇聯居於領先地位。

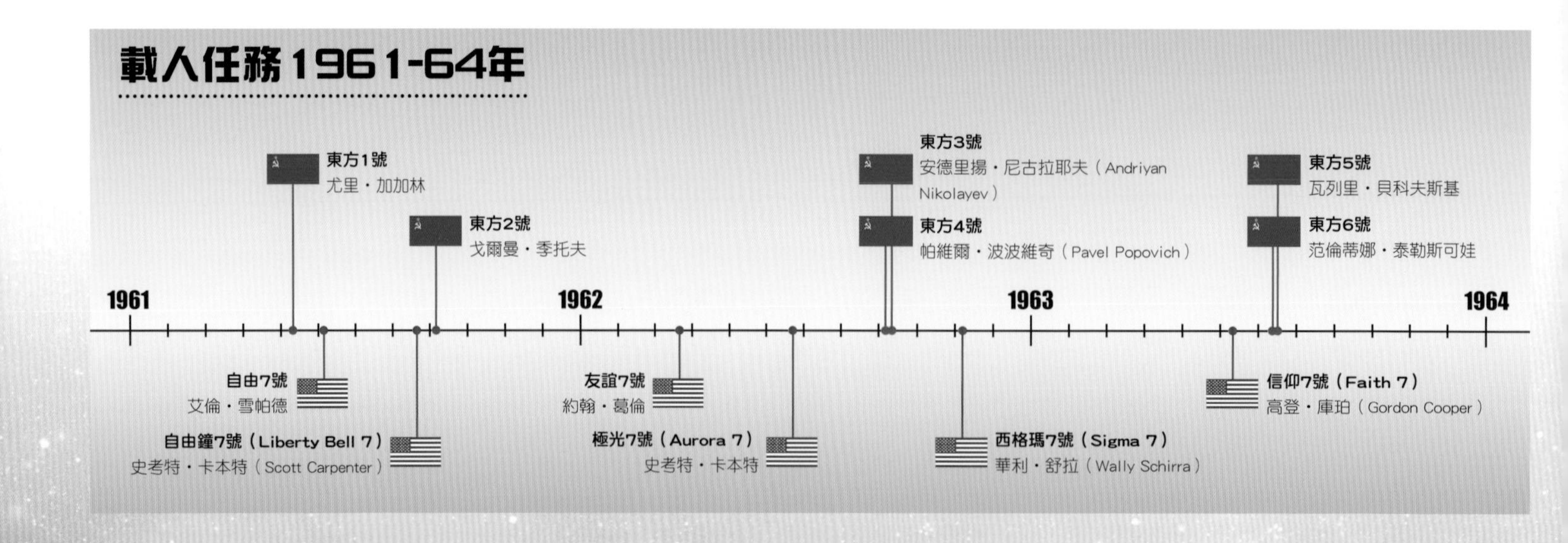

軌道航行燃燒事故

1962年2月20日，NASA太空人約翰・葛倫（John Glenn）搭乘由擎天神（Atlas）火箭發射的水星計畫太空船友誼7號（Friendship 7）升空，這是一個風險很高的任務，有高達六分之一的機率葛倫將無法回到地球。在成功繞行地球軌道三圈後，葛倫被告知，友誼7號的隔熱罩可能已經鬆動。沒有隔熱罩的保護，他在重返地球時可能會被燒死。在高速衝向地球的途中，葛倫看到燃燒的碎片從友誼號掉落，幸好最後他濺落在大西洋海面上，而且毫髮無傷。

約翰・葛倫進入友誼7號的太空艙，率先成為第一個繞行地球軌道的美國人。

范倫蒂娜・泰勒斯可娃是第一位上太空的女性，她在1963年獨自執行了東方6號的飛行任務。

女士第一人

蘇聯維持在太空領先的優勢，並且在1963年6月16日，將第一位女性送上了太空。蘇聯太空人范倫蒂娜・泰勒斯可娃搭乘東方6號，在超過71小時的時間裡繞行了地球軌道48圈。在泰勒斯可娃的任務中，她可以跟東方5號上的太空人瓦列里・貝科夫斯基（Valery Bykovsky）通話。泰勒斯可娃後來安全返航了，但再有下一位女性造訪太空，卻已是19年後。

「我們選擇在十年內登上月球以及完成其他夢想，並非它們輕而易舉，而正是因為它們困難重重……」

甘迺迪的月球演說

約翰・甘迺迪總統向國會進行歷史性的演說，闡述太空計畫的必要性之後，時隔一年，1962年9月12日，他在萊斯大學做了重大宣布：美國將在本世紀結束以前，將太空人送上月球並成功返航。

地面管制

每次的載人或無人任務，都需要地面上成千上萬的人員提供「隱形」支援。這些後勤人員在龐大複雜的設施裡辛苦工作，包括太空訓練設施、任務管制中心和發射台。因為他們的辛苦工作，才能確保許多任務成功達成。

圖例

- 主要發射基地
- 載人太空發射中心
- 管制和訓練中心
- 深太空網路基地

太空中心

太空船的建造、維修和發射，都在全世界的太空中心裡完成。基於安全或保密原因，太空中心通常遠離都市，至於選擇在何處建造，仍有其他關鍵原因有待考量。卡納維拉角（Cape Canaveral，位於美國佛羅里達州布里瓦德郡大西洋沿岸的一條狹長陸地）的位置優勢在於靠近海洋，能夠安全發射火箭，同時也因為靠近赤道，能使火箭加速升空。

NASA美國太空總署

美國國家航空暨太空總署，成立於1958年。

金石深太空網路

美國范登堡空軍基地

美國太空港

美國瓦羅普斯飛行研究所

馬德里深太空網路

美國甘迺迪太空中心

美國卡納維拉角空軍基地

美國Space X火箭開發

美國林登・詹森太空中心

法屬圭亞那圭亞那太空中心

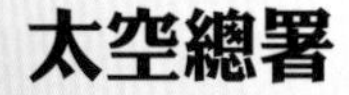

太空總署

由政府經營的機構，稱為太空總署，從20世紀中期以來，負責大部分太空探索的計畫。然而，近年來有許多全新的太空計畫，是由私人公司所資助的，包括Space X（Space Exploration Technologies Corp.，太空探索技術公司）、維珍（Virgin）和藍色起源（Blue Origin，藍色起源是位於美國華盛頓州肯特市的私人太空公司，由亞馬遜公司創始人傑佛瑞・貝佐斯於2000年創辦）（參考第104頁）。

esa

ESA 歐洲太空總署

由22個國家創立，發射基地位於法屬圭亞那，成立於1975年。

載人任務

上過太空的人仍然占非常少數，總共約550人。載人任務的主要發射地點為現在位於哈薩克的拜科努爾太空發射場（以前是蘇聯的一部分，現在出租給蘇俄使用）和美國的甘迺迪太空中心（Kennedy Space Center），阿波羅計畫和太空梭任務都在此發射。

拜科努爾太空發射場目前仍是世界上最大的發射基地。

太空人訓練

任何人進入太空之前，都必須歷經兩年的艱辛準備，不是只有跳進去火箭那麼簡單而已！太空人得花很長的時間待在隔離室，幫助他們適應在太空的生活；並在水底下受訓，以適應失重狀態。除此之外，還得每天在水裡待上七小時，就在一個很深的大泳池內，練習修理大型太空船的模型。

自由落下訓練，讓太空人在進入太空之前，有機會體驗失重狀態。

任務管制

載人任務必須跟地面上的任務管制中心經常保持聯繫。中心的支援人員監控著任務的所有面向，不過他們大部分的工作都是在發射前就完成了，畢竟每個成功的任務都需要完整縝密的計劃。任務管制不一定和發射基地位於同一地點——美國的發射任務在佛羅里達州的卡納維拉角進行，而任務管制則在1,400公里遠的德州休士頓。

ROSCOSMOS 俄羅斯聯邦太空總署
成立於1992年，接手蘇聯的太空計畫。

俄羅斯普列謝茨克太空發射場

俄羅斯尤里・加加林太空人訓練中心

羅斯卡普
京亞爾太
發射場

哈薩克拜科努爾
太空發射場

中國酒泉衛星發射中心

中國太原衛星發射中心

日本之浦宇宙空間觀測所
日本種子島宇宙中心

印度薩迪什・達萬太空中心

中國西昌衛星發射中心

CNSA 中國國家航天局
中國的太空總署，成立於1993年。

林登・詹森太空中心（Lyndon B Johnson Space Center）更為人所熟知的名字是「休士頓」或「任務管制中心」。

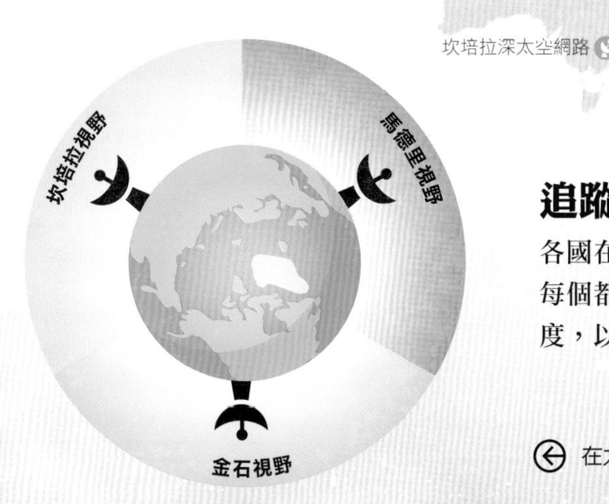

追蹤太空船

各國在追蹤太空船路徑時有不同的做法。NASA的深太空網路使用三種通訊設施，每個都包含一個巨大的無線電天線陣列。這三個設施精心設置，彼此大約相隔120度，以提供360度的全方位覆蓋。如此一來，便可以持續追蹤太空船的航行軌跡。

在太空船離開一個通訊設施的偵測範圍之前，便會被另一個通訊設施捕捉到。

住在太空中的旅行指南

太空旅行遠遠不如科幻電影中迷人。現實中的太空船內是狹窄、密閉且混亂的，而不是想像中明亮、輕盈且閃耀著光芒。而且，為了生存你必須接受嚴格的訓練。繼續讀下去，你會知道更多在太空中生活的真相。

在失重狀態的太空中，所有東西都必須用繩子綁住。

奇特的失重狀態

即使只是在月球上待上三天的短暫旅行，你都必須習慣微重力所造成的失重感。你會無法直接從杯子裡喝飲料，或是將使用過的物品放下。你必須把工具綁在皮帶上，用吸管小心地喝飲料，並抓住牆上的把手，讓自己不會四處漂浮。

用吸管吸食太空食物

在微重力狀態下的飲食十分棘手，所有食物都必須事先準備，並裝在真空袋中。這樣一來，食物碎屑或水滴才不會亂飄跑入機器，導致重大故障。餐食通常會先脫水，儲存在密封容器中，食用前再加水。你必須用烤箱將食物加熱，然後用吸管吸食，飲料也裝在塑膠瓶中，得用吸管才能喝。

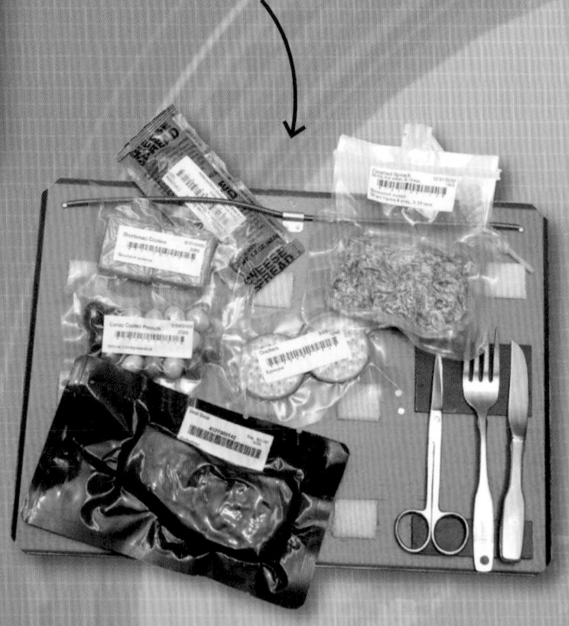

太空食品必須使用真空包裝，餐具則用磁鐵吸住，才不會漂走。

你必須習慣使用不需要漱口的牙膏刷牙，並將用完的牙膏吐到衛生紙上。

不用水盥洗

太空船和太空站上，沒有太多水可以浪費，多數時候保持乾淨的方法，是使用肥皂溼紙巾擦拭身體。這種肥皂專為太空而設計，它會溶解掉，不必擔心有黏性。當你真的需要沖個澡的時候，必須用風扇把水吹向自己。

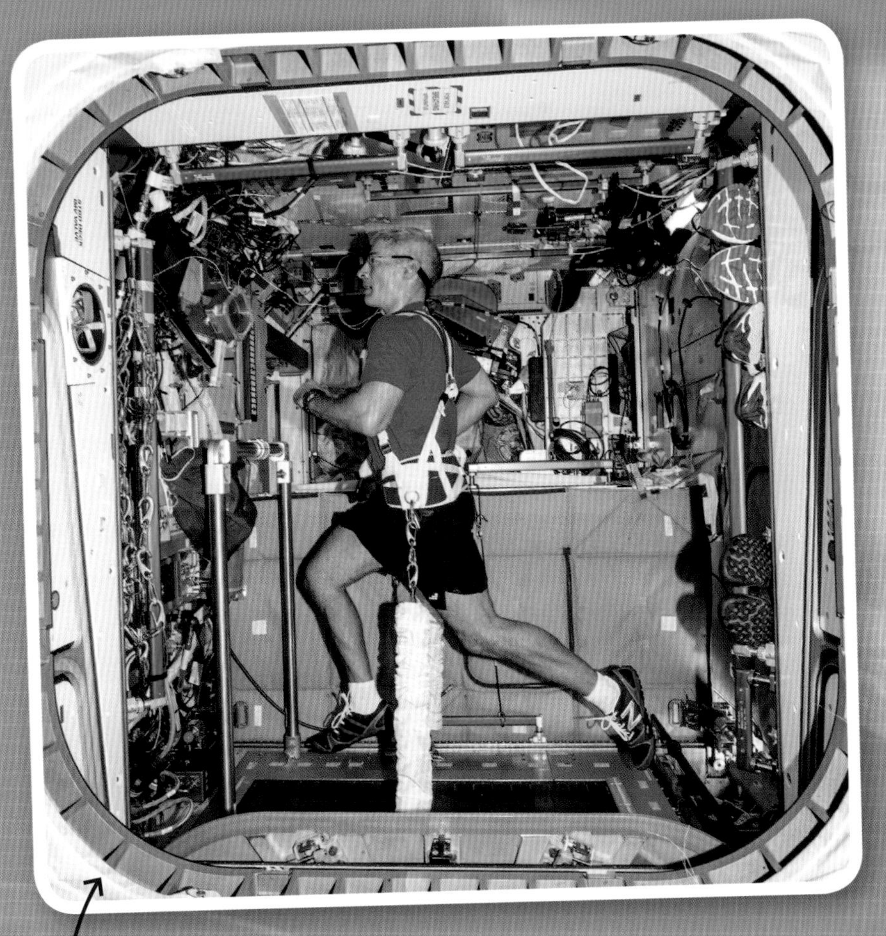

在太空中你必須每天運動至少2.5小時，才能維持健康。

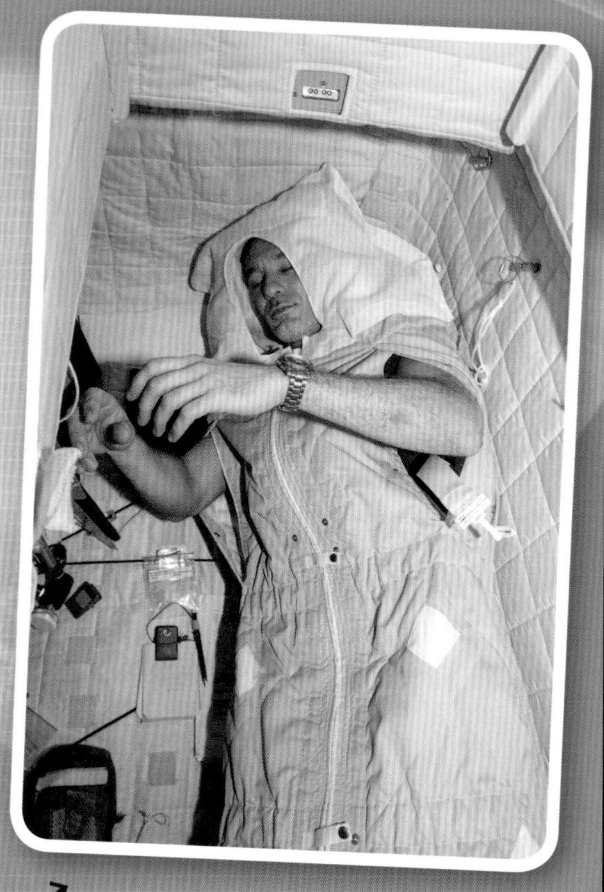

想要在太空中好好睡一覺，記得戴上眼罩和耳塞，才能隔絕太空船的低沉噪音。

維持健康

人類在地球上時即使沒有做很多運動，但地球的重力也會讓我們的身體維持強健。因為重力拉著我們的背部和腿，所以必須反方向對抗重力，才能支撐我們的體重。但在太空中，沒有將我們往下拉的力量，所以肌肉和骨頭都會變得更無力，必須利用健身單車和跑步機，在太空中鍛鍊身體。隨著時間的流逝，你的臉會變得浮腫，但不用太過驚訝，這是待在太空中常有的後遺症。

在太空中睡覺

微重力的優點之一是不需要合適的床。把你的睡袋貼在牆上，然後爬進去就可以了。在一些比較高檔的太空站，可能會有櫥櫃大小的小房間可以睡，但不可能會有隱私，你得習慣這一點！睡覺時記得把雙手收進睡袋裡，否則你的手會一直往上升。

使用廁所

信不信由你，你需要練習才能學會使用太空廁所。因為太空廁所收集排泄物的方式就像真空吸塵器，一沒弄好排泄物就會四處漂浮。你必須對著有吸力的漏斗小便，大便時，你必須對準一個10公分的抽吸孔。在地球上訓練上廁所時，會有相機幫助你正確定位。

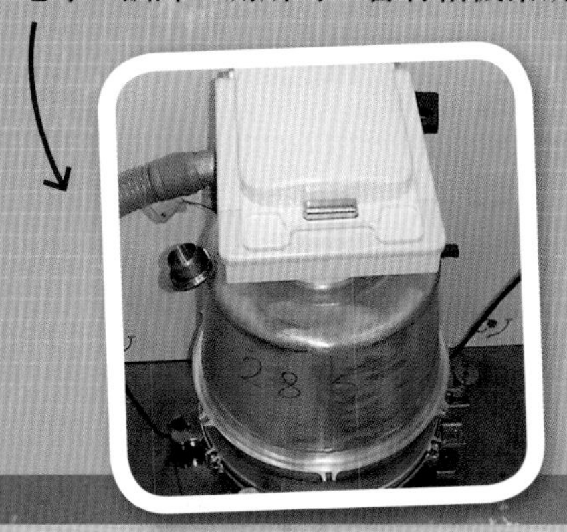

如果你想離開太空船進行太空漫步，必須穿著一種特製的尿布。

在太空上廁所時，記得隨時要把蓋子蓋好。

太空衣的歷史演變

太空衣為太空人提供了重要的保護。太空衣有兩種基本類型：在太空船裡面穿的、在太空船外面穿的。艙外太空衣就像一個小型的太空船，太空人生存所需的重要維生系統一應俱全。以下是太空衣隨著時間的演變介紹：

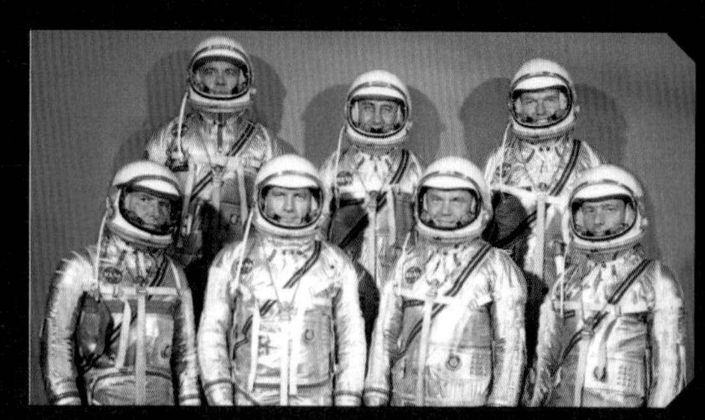

NASA徵選的第一組太空人：水星計畫7人（Mercury 7）。

1959

水星計畫太空衣

這件太空衣可以提供太空人氧氣，並保持身體周圍的壓力，讓他們暴露在外的液體（眼淚、唾液以及保持肺泡溼潤的體液）能維持在液體的狀態。這是絕對必要的，因為在海拔高度約19公里——被稱為阿姆斯壯極限以上，由於大氣壓力過低，人體的液體會開始沸騰。這件太空衣僅重10公斤，是有史以來最輕的太空衣之一。

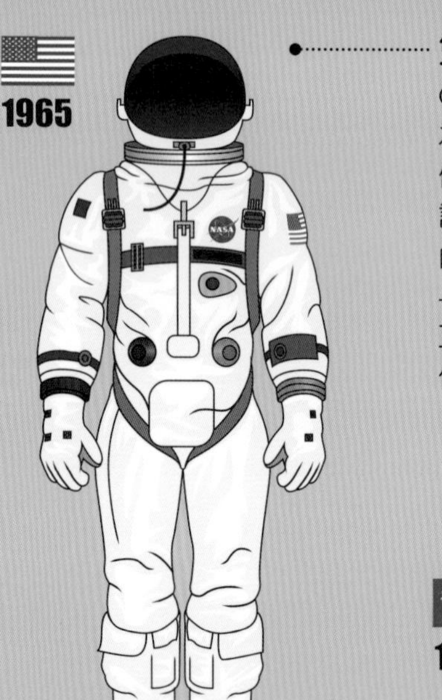

1965

雙子星計畫太空衣

G4-G7雙子星計畫太空衣是專門為太空漫步所設計，也就是我們所熟知的艙外活動。雙子星計畫太空衣由尼龍外層和聚酯內層共六層所構成，能承受-157°C到121°C的溫度。太空衣正面和背面的維生系統，可提供太空人氧氣和冷熱換氣。

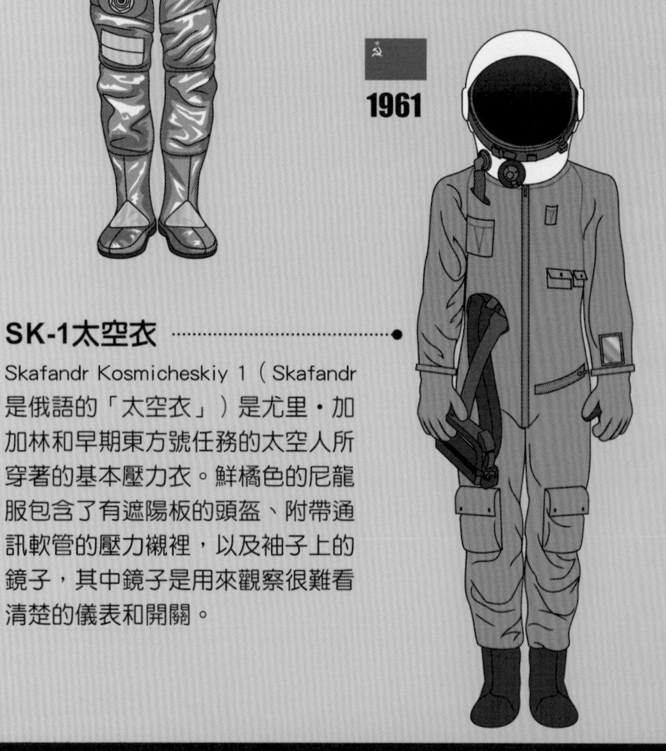

1961

SK-1太空衣

Skafandr Kosmicheskiy 1（Skafandr是俄語的「太空衣」）是尤里・加加林和早期東方號任務的太空人所穿著的基本壓力衣。鮮橘色的尼龍服包含了有遮陽板的頭盔、附帶通訊軟管的壓力襯裡，以及袖子上的鏡子，其中鏡子是用來觀察很難看清楚的儀表和開關。

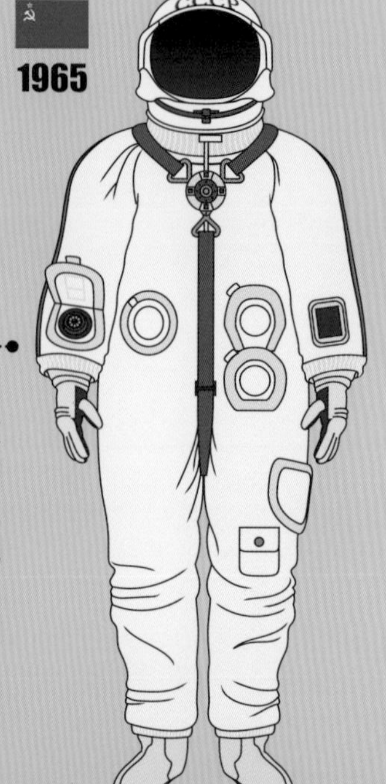

1965

上升號太空衣

「Berkut（俄語，金鵰）」是上升2號太空人阿列克謝・列昂諾夫，在史上第一次太空漫步時所穿的太空衣（參考第32頁）。金屬背包可以提供45分鐘的氧氣，減壓閥能讓氧氣、二氧化碳、熱氣和水分釋放到太空。當列昂諾夫的太空衣如吹氣球般漲大時，減壓閥救了他一命。當時被困在外面的他用減壓閥將太空衣放氣，才得以返回太空船。

讓人印象深刻的穿著

太空衣看起來很厚重，因為由多達16層組成，包括：

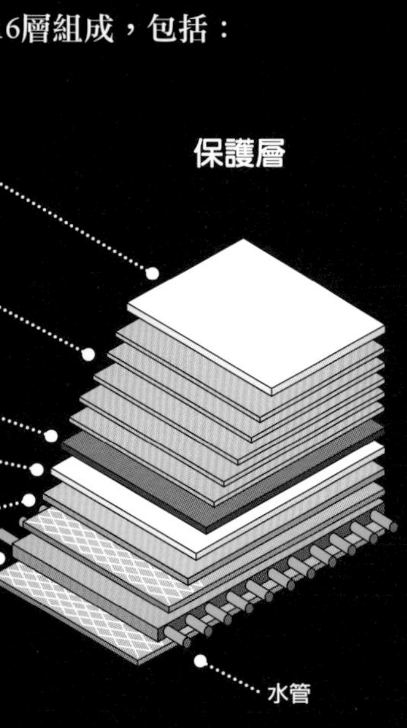

保護層
外層由堅韌的材料組成，例如防彈的克維拉、鐵氟龍和尼龍纖維蜂巢。
多層隔熱層，讓太空人保持恆溫，以及避免被物體擊中而受傷。
防撕裂層，保護內層避免損壞。
限制層，讓氣密層維持正確的形狀。
氣密層，維持人體正常壓力和保存氧氣。
內層，液體冷卻和通風服。
水管

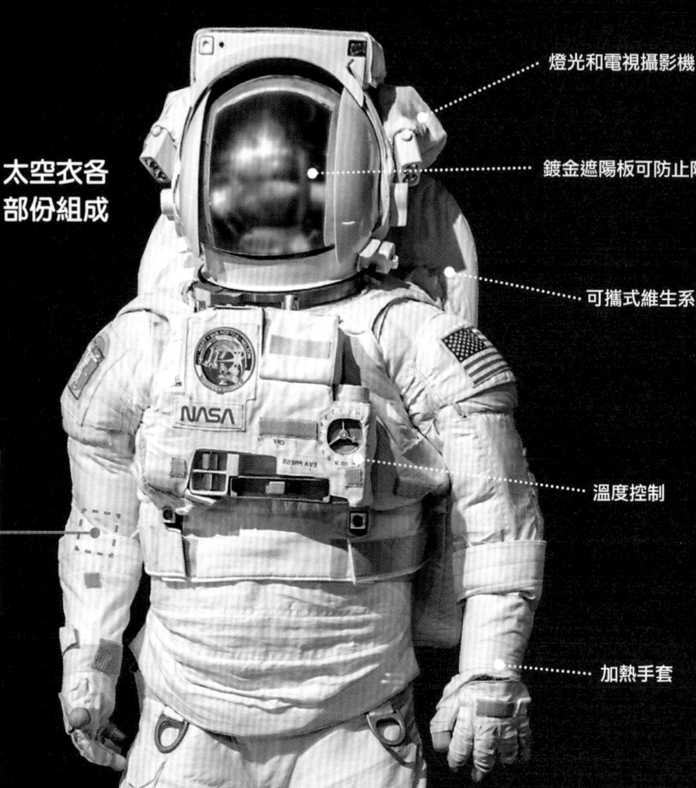

太空衣各部份組成
燈光和電視攝影機
鍍金遮陽板可防止陽光直射
可攜式維生系統
溫度控制
加熱手套
NASA

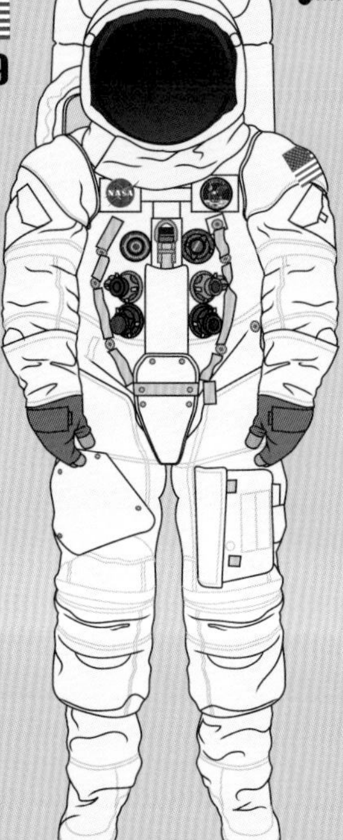

1959

阿波羅計畫太空衣

為了在月球表面行走，阿波羅計畫太空衣必須提供足夠的靈活性。太空衣由好幾層組成，包括有液體管的內層，讓太空人可以冷卻下來。月球靴由套鞋和內靴組成，每付厚手套則分別依照每位太空人的雙手量身打造，橡膠指尖讓他們方便握住物體。太空衣的背包是可攜式維生系統，裡面有氧氣、水和無線電設備。

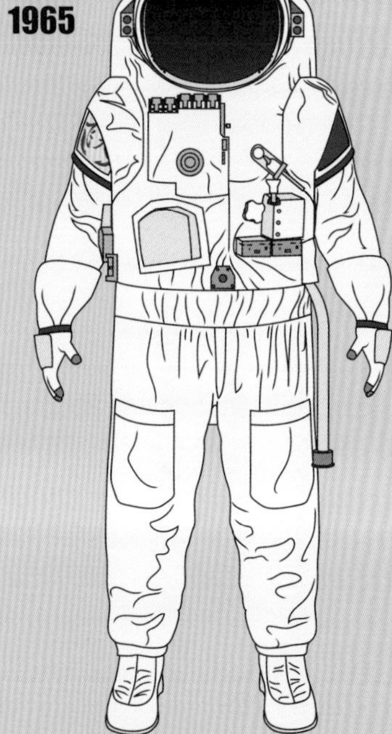

1965

飛天太空衣

飛天太空衣是為了中國的神舟（Shenzhou）任務、進行太空漫步而打造的。飛天仿照俄羅斯開發的一件式Orlan-M太空衣，單一尺寸適合所有人穿著，由一種輕盈的合成纖維製成，可以保護太空人免於承受極端高溫和寒冷。外層則可以承受來自漂浮岩石顆粒的撞擊，這些岩石是太空中的微流星體。

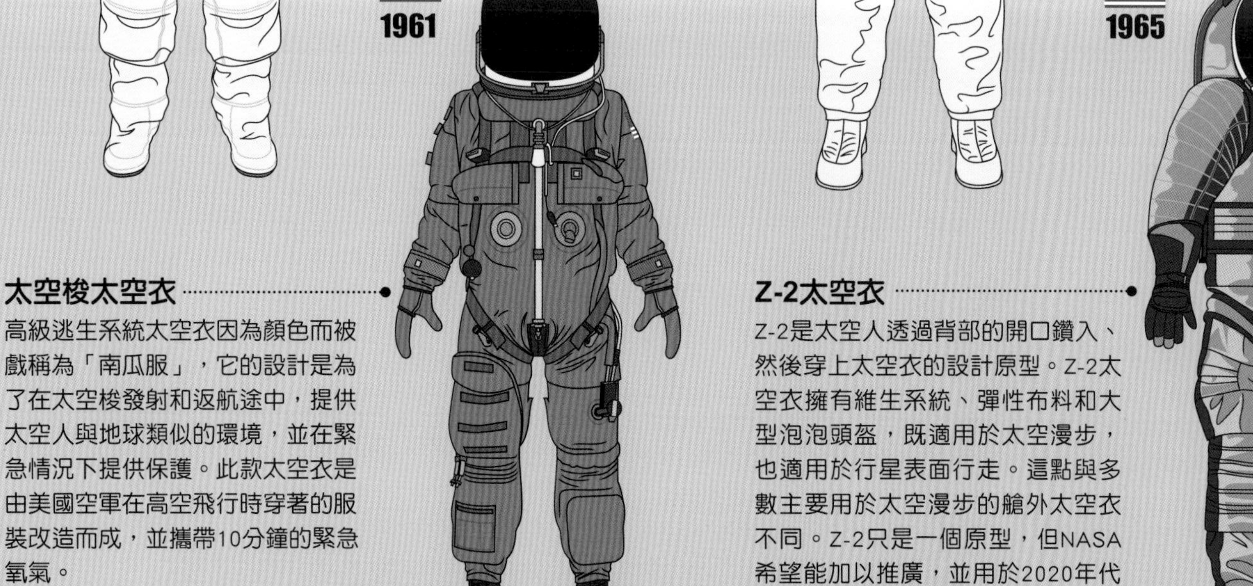
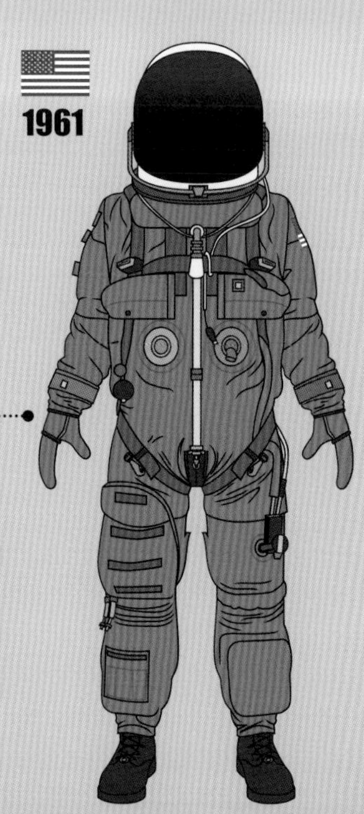

1961

太空梭太空衣

高級逃生系統太空衣因為顏色而被戲稱為「南瓜服」，它的設計是為了在太空梭發射和返航途中，提供太空人與地球類似的環境，並在緊急情況下提供保護。此款太空衣是由美國空軍在高空飛行時穿著的服裝改造而成，並攜帶10分鐘的緊急氧氣。

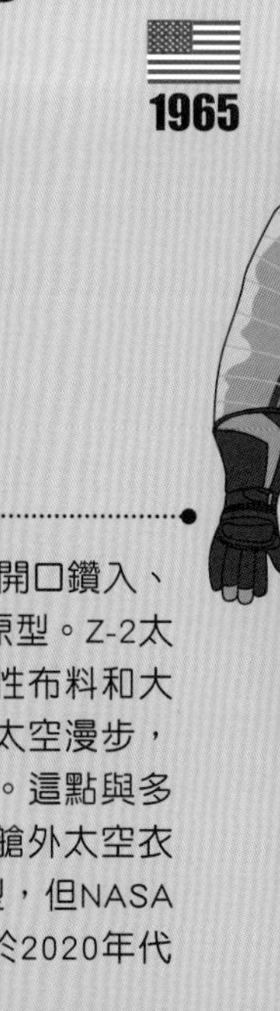

1965

Z-2太空衣

Z-2是太空人透過背部的開口鑽入、然後穿上太空衣的設計原型。Z-2太空衣擁有維生系統、彈性布料和大型泡泡頭盔，既適用於太空漫步，也適用於行星表面行走。這點與多數主要用於太空漫步的艙外太空衣不同。Z-2只是一個原型，但NASA希望能加以推廣，並用於2020年代中期的太空漫步任務。

太空漫步

太空漫步，或稱為艙外活動，指的是太空人穿上防護太空衣後離開太空船，進入太空的真空狀態。太空人進行太空漫步的目的，是為了進行實驗、測試裝備或修理太空船。

1965年，蘇俄的阿列克謝・列昂諾夫成為第一個進行太空漫步的人，時間約10分鐘。今日的太空人進行太空漫步時，會把繫繩綁在太空船上，而20世紀時有些太空人會使用附有簡易推進器的背包，讓自己不會漂走。太空人會在泳池裡進行太空漫步訓練，因為在這兩種情況下，他們的身體都會「漂浮」。俄羅斯太空人阿納托利・索洛維耶夫（Anatoly Solovyev），保持了太空漫步的最長時間記錄：82小時。

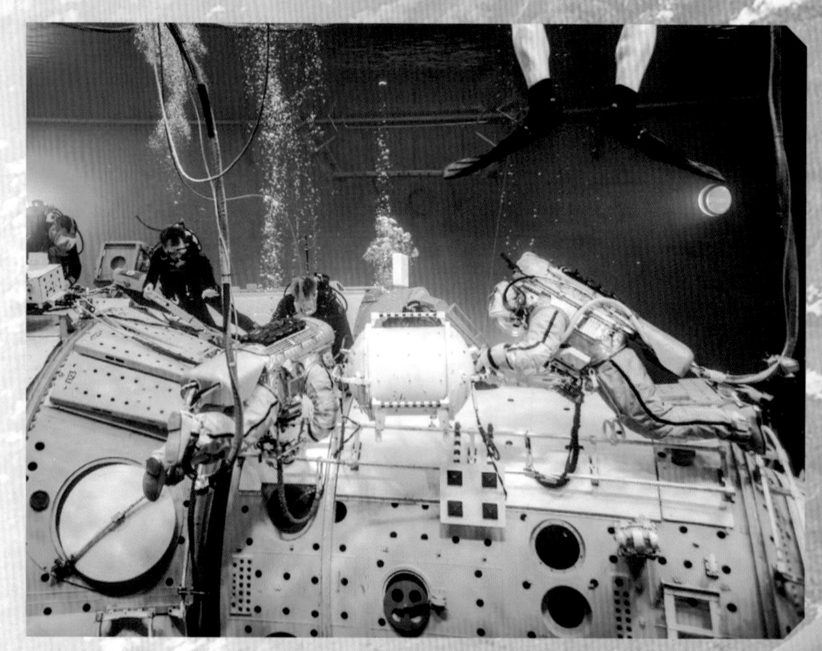

莫斯科的尤里・加加林訓練中心，太空人正在水下受訓。

知名的太空漫步者

阿列克謝・列昂諾夫（1965年）
1965年，阿列克謝・列昂諾夫離開上升2號，進行了史上第一次太空漫步，使他聲名大噪，但是事情差點一發不可收拾（參考第30頁）。

阿爾弗萊德・沃爾登（1971年）
阿波羅15號的太空人阿爾弗萊德・沃爾登（Alfred Worden）進行了第一次在深太空的太空漫步。當時他離開在月球的指揮服務艙，距離地球約275,000公里。

布魯斯・麥克坎德雷斯（1984年）
太空梭太空人布魯斯・麥克坎德雷斯（Bruce Mccandless）進行了第一次沒有繫繩的太空漫步。他在太空梭旁，使用了載人機動飛行器，這是由氣體推進器驅動的背包。

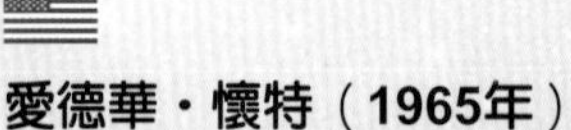

愛德華・懷特（1965年）
在俄羅斯太空人阿列克謝・列昂諾夫完成第一次太空漫步15天後，愛德華・懷特（Ed White）同樣於1965年完成美國的第一次太空漫步，懷特的太空漫步持續了20分鐘。

斯維特蘭娜・薩維茨卡婭（1984年）
斯維特蘭娜・薩維茨卡婭（Svetlana Savitskaya）成為第一個進行太空漫步的女性太空人。當時她離開禮炮7號太空站，進行外部的焊接實驗。

1984年，太空人布魯斯・麥克坎德雷斯首次使用載人機動飛行器，在地球上空飛行。

建造國際太空站期間，NASA和歐洲太空總署的太空人參與了一場艙外活動。

月球任務

1969年7月16日，阿波羅11號從佛羅里達州甘迺迪太空中心發射，執行月球任務。美國距離把首批人類放上月球，只有384,000公里……

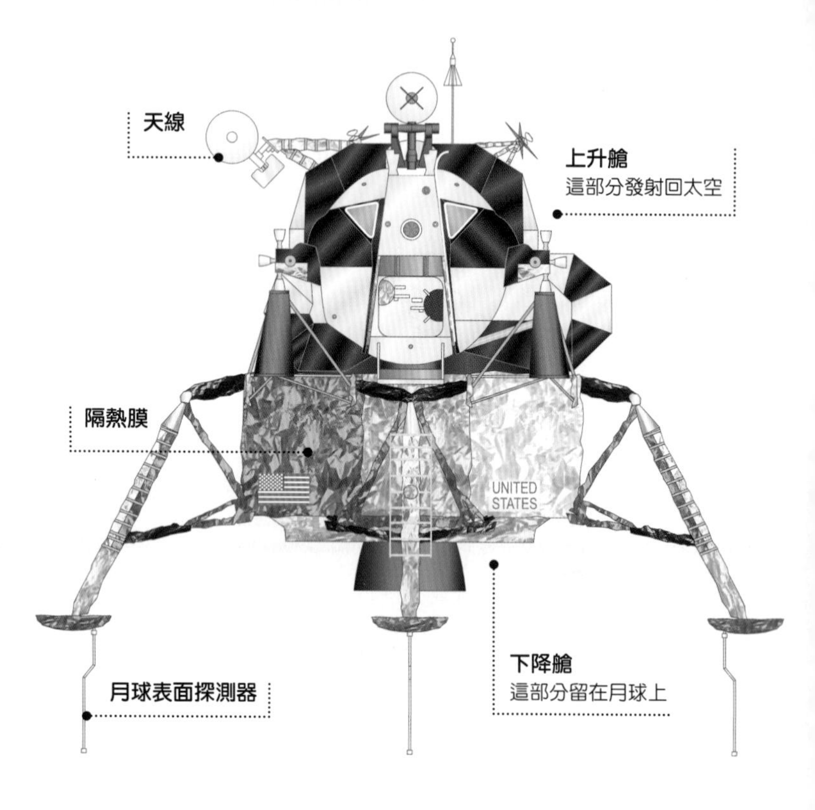

1969年7月20日，伯茲·艾德林是第二個踏上月球的人類。

第一批踏上月球的太空人腳印特寫。

月球登陸

7月20日，太空人尼爾·阿姆斯壯（Neil Armstrong）拚命尋找月球表面可以降落的地點。載著阿姆斯壯和伯茲·艾德林（Buzz Aldrin）的月球登陸器只剩下60秒的燃料，當時的氣氛讓人極度焦慮。有五億人正在觀看電視上的月球登陸轉播，人人都緊張地屏住呼吸。然後，從無線電中傳來阿姆斯壯急促的聲音：「老鷹號已降落。」人類終於安全地降落在月球上。

人類的一大步

當尼爾·阿姆斯壯降落到月球表面時，他說出了一句名言：「這是我的一小步，卻是人類的一大步。」月球一片荒涼孤寂，沒有生命跡象。太空人在月球上進行實驗，拍照並收集岩石。他們發現月球表面到處被灰色細塵覆蓋著，而且聞起來有火藥味。最後，太空人在月球表面插上一面旗子，然後踏上返家旅程。任務結束。

休士頓，我們有麻煩了。

阿波羅太空計劃從1961年持續到1972年，期間有過幾次命名任務。阿波羅任務1到10是測試任務（2和3分配了編號，但從未執行）。阿波羅12號是另一次成功的月球任務，但阿波羅13號遇到了大災難。航行了56個小時後，一個氧氣罐爆炸、另一個失效。任務管制中心建議阿波羅13號的太空人，將自己關在登月艙中以保留動力和氧氣，這個舉動挽救了他們的生命。太空人更大膽地繞行月球，利用重力彈弓效應彈射太空船，最後阿波羅13號安全返回地球。

指揮艙奧德賽號（Odyssey）成功濺落地球海面時，阿波羅13號任務的指揮人員慶祝這奇蹟的一刻。

阿波羅15號的月球車，在三個小時內總共行駛了27公里。

月球車

相較於之前的任務，1971年的阿波羅15號有個重大進展，因為有月球車（Lunar Roving Vehicle，簡稱LRV）一起登陸月球。這是一輛有輪子的「月球車」（有一暱稱為「Moon Buggy」），可以載太空人到更遠的距離收集大量的岩石。其中一塊岩石被暱稱為「起源石」（Genesis Rock），研究發現已有40億年的歷史。月球車成功達成任務，後來阿波羅16號和17號的月球任務中也都將它納入使用。

任務結束並退出

阿波羅17號於1972年12月11日登陸月球，這是最後一次載人的登月任務。第一位太空人兼科學家哈里遜·舒密特（Harrison Schmitt），在月球上設置了實驗，測量月球可能的地震活動並研究流星撞擊。然而，阿波羅任務估計總共花費250億美元（約是今日的1750億美元），費用實在太過昂貴而無法繼續進行。從那時起，人類就沒有再造訪過月球。

阿波羅17號的太空人收集了超過110公斤的月岩。其中有些仍封存著，有待日後再進行分析。

月球往返

阿波羅11號任務，將人類載送到月球並成功返回地球，必須在太空中執行一連串複雜且完美掌握時間的行動。任務的一開始就是發射農神5號三節式火箭，這是有史以來最強大的火箭。

飛往月球的路線

1 飛往月球的路線
搭載阿波羅11號的農神5號火箭在當地時間上午8：32起飛，以每小時9,920公里的速度航行。

2 第一節火箭
2分44秒後，阿波羅11號到達了約68公里的高度。農神5號的第一節火箭掉落，第二節火箭點火。

3 第二節火箭
第二節火箭的五個引擎點火約 8 分鐘後掉落，將太空船帶入地球的高層大氣。

4 第三節火箭
單一引擎點火，阿波羅11號進入地球軌道。從發射起計算，已經過了11分42秒。

5 在地球軌道上
阿波羅11號繞行地球軌道1.5圈時，關閉第三節引擎。

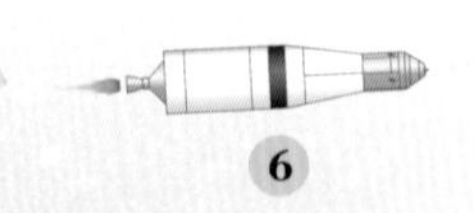

6 月球轉移軌道射入
第三節引擎再次點火，阿波羅11號發射，脫離地球軌道並航向月球。

7 分離、拔出、對接
指揮服務艙從第三節分離，旋轉180度，和仍在第三節的登月艙對接。然後，指揮服務艙將登月艙拉離開第三節火箭，第三節火箭掉落。

12 分離、重返大氣層
重返地球大氣層之前，指揮服務艙必須先分離。服務艙被拋棄，載著太空人的指揮艙快速衝向地球。

13 濺落海面
一開始在地球表面上方7.3公里，然後距離縮短為3公里，此時降落傘已打開。指揮艙濺落在大西洋海面。任務結束！

8 月球軌道

指揮服務艙、登月艙一起組成了最後的太空船，在接下來的三天飛向月球。之後太空船進入月球軌道並再度分離。

9 月球登陸

太空人尼爾・阿姆斯壯和伯茲・艾德林搭乘登月艙飛向月球表面，麥可・柯林斯（Michael Collins）則駕駛指揮服務艙停留在軌道上。

10 從月球起飛

登月艙的上升艙（上半部）發射後脫離下降艙（下半部，留在月球上），和指揮服務艙對接。太空人重新進入指揮服務艙，登月艙隨之拋棄。

11 地球轉移軌道射入

指揮服務艙點燃火箭，飛離月球軌道航向地球。現在已在返家的路上。

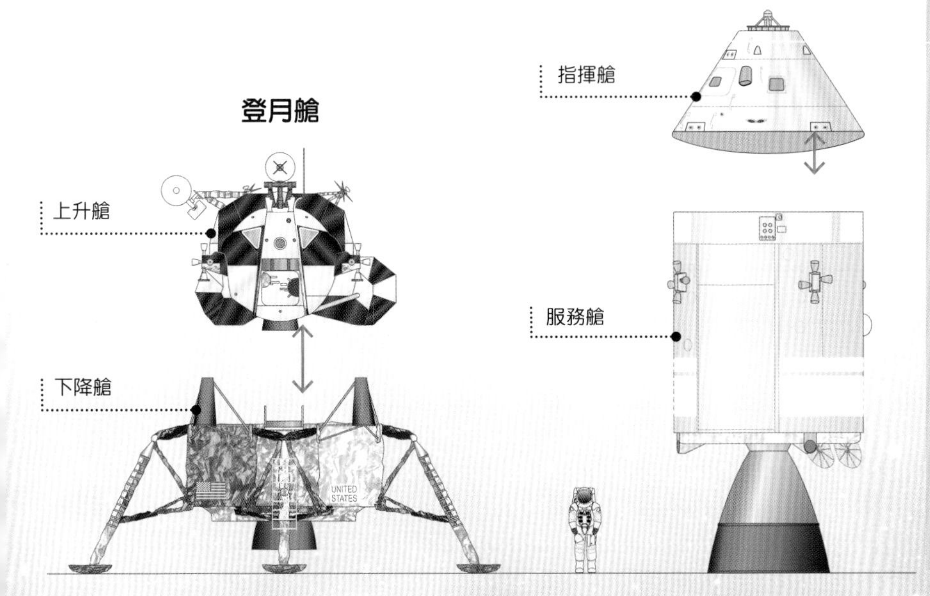

農神5號

農神5號火箭高111公尺、重280萬公斤，由三個稱為「節」的較小火箭組成，提供了足夠的推力，使其先進入環繞地球的軌道，然後再前往月球。每節火箭燒盡煤油燃料、液態氫和液態氧之後，就會掉落並由下一節火箭接管。

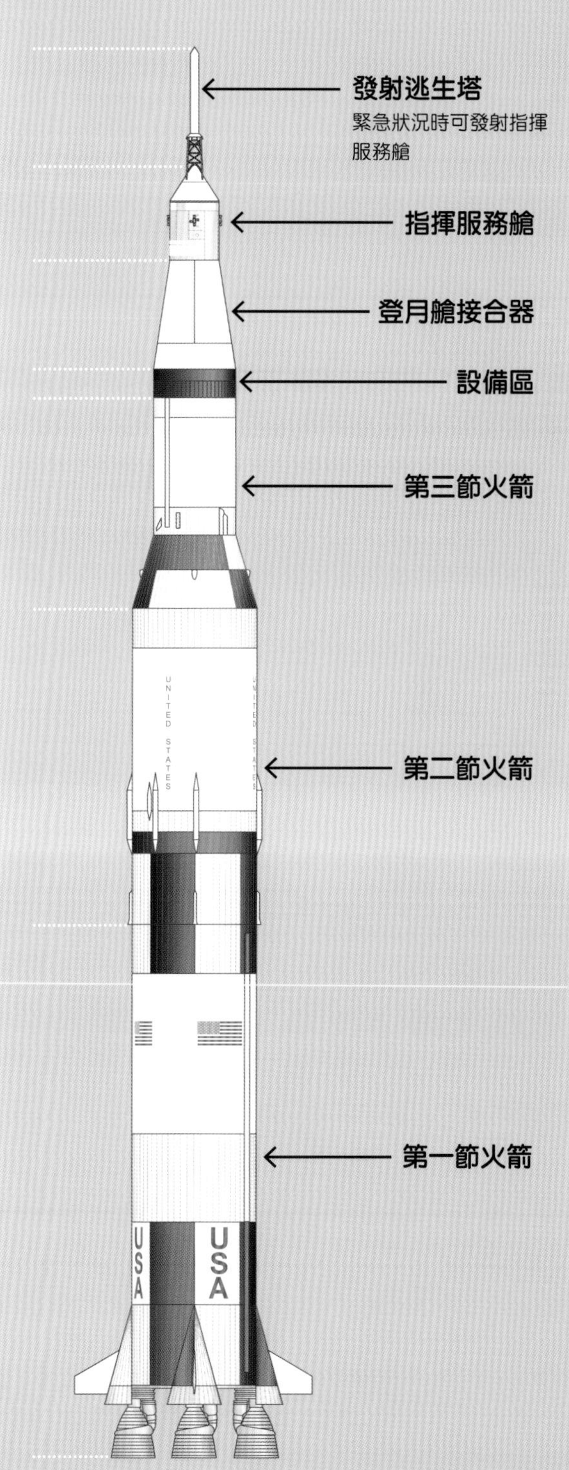

月球的旅行指南

到月球旅行是個不錯的選擇。為什麼呢？因為這是一個經過反覆考驗的選項。50年前，尼爾・阿姆斯壯是第一個踏上月球的人。到目前為止總共有12個太空人到過月球，但是自從1972年以後就一個也沒有。也許你可以成為第13個？

登陸

月球距離地球約385,000公里，其實並不遠。但是，你仍然需要像農神5號這樣的火箭來運載430萬公升的所需燃料，才能抵達月球。在阿波羅任務中，太空人利用月球登陸器登陸月球，因此你需要先在地球上練習如何降落。好消息是月球表面還沒有被建築物占據，所以有很多地方可以降落。

你需要

- ✓ 有月球登陸器的太空船
- ✓ 可攜式維生系統背包
- ✓ 鍍金的頭盔遮陽板

表面

月球是一個貧瘠多岩石的地方，有很多隕石坑形成的坑洞，而且被有如滑石粉般的灰色細塵所覆蓋。灰塵會附著在所有東西上，如果弄髒了你的太空衣，不要覺得不爽。你的太空衣必須有加熱和冷卻系統——溫度變動很大，可以從冷死人的-233°C到超級熱的122°C，這點很重要！另外，記得要在頭盔配備遮陽罩和鍍金的遮陽板；否則白天會被曬傷，太陽直射也可能造成眼睛失明，這是很嚴重的。

探索

笨重的月球背包，正式名稱為可攜式維生系統，背包裡裝有氧氣、冷卻和加熱系統，以及無線電設備。在地球上這個背包重163公斤，但在月球上重力只有地球的六分之一，所以背包重量會變成27公斤。在這麼低的重力下，如果你在月球上跳遠，會變得很有趣（成績會比在地球上好）。如果你厭倦了步行，不妨跳上阿波羅任務留下來的月球車吧。但是要記得：不要開車進入任何大型的隕石坑！

月球資料檔案

溫度

大小

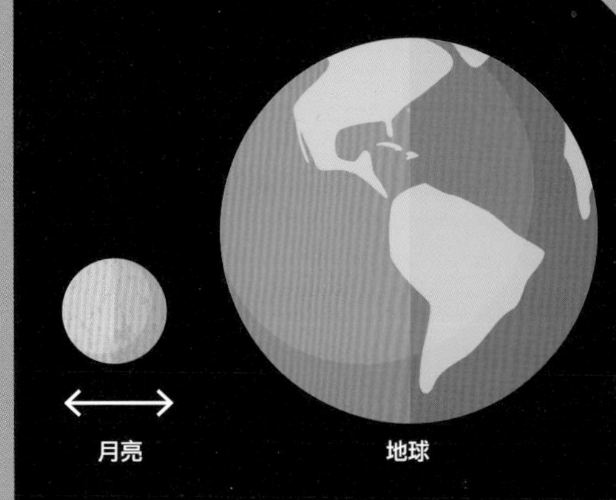

平均直徑

3475公里

月亮平均距離地球385,000公里。它正以每年約4公分的距離慢慢遠離地球。

速度

每秒1公里

月球繞行地球軌道的速度

地球：每秒30公里
地球繞行太陽軌道的速度。

日曆

一天的長度

29.5 個地球日

繞行地球軌道一圈的時間

27.3 個地球日

表面特徵

外氣層：

月亮沒有大氣層，所以腳印可以留在那裡幾十年。也因為沒有大氣層，光線無法散開，所以天空看起來是黑色的。

重力：

地球

X 0.17 倍

如果你在地球的體重是70公斤（第11），在月球上你的體重會是12公斤（第2）。

表面積：

月球的表面積是3,800萬平方公里——大約與亞洲差不多。月球的直徑比非洲的長度略長一點。

焦點

月球之謎

1969年在月球上豎立的美國國旗，設計上應可支撐旗幟的重量，如下圖所示。但是，月球上沒有風、雨或其他天氣現象，照理說旗幟應該不會隨風飄揚。

現代月球任務

阿波羅17號任務的結束，代表人類最後一次踏上月球。從那以後，好幾個政府都有重返月球的計劃，包括停留在月球軌道的太空站，以及在月球表面建立永久的人類基地的想法。

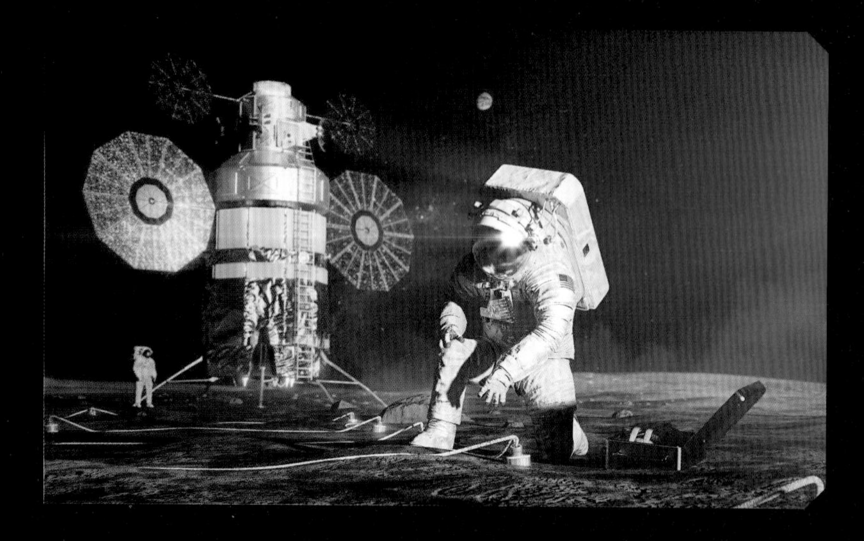

阿提米絲計畫目標遠大

2019年，NASA宣布了阿提米絲計畫（Artemis），預計2024年前再次將太空人送上月球。太空發射系統火箭預計發射載著太空人的獵戶座太空船，然後與繞行月球軌道的門戶太空站對接。太空人會從門戶太空站出發，前往月球表面進行小型任務，目標是尋找水源和礦產資源。任務將持續30至90天，人員包括男女太空人。

藝術家想像圖：參與阿提米絲計畫的太空人。阿提米絲計畫的一部分，就是將人類送到火星。

月船的可控制墜機

2008年，印度進入了太空探索的領域，控制月船1號（Chandrayaan-1）探測器著陸在月球上。探測器一到達月球，就在靠近南極的土壤中發現了水分子的證據。此一發現促成了月船2號的發射，2019年9月這艘太空船將登陸器降落到了月球上。印度的太空計劃並沒有就此結束：他們宣布將於2024年進行月船3號任務，為人類創新的太空技術進行測試。

月船任務讓印度成為繼美國、中國和俄羅斯之後，第四個在月球軟著陸的國家。

玉兔月球車離開嫦娥4號月球登陸器，開始探索月球表面。

月球村

歐洲太空總署正在開發月球上的永久太空站。該基地將使用可充氣圓頂建築作為工作室、實驗室和住家，機器人則會在月球村上方建造保護殼，防止它受到隕石和有害輻射的傷害。月球村會建造在月球南極，那裡全年都有陽光照射，陽光可以為月球村的太陽能電池板充電，並幫助溫室中的植物生長。

月球村的充氣圓頂將通過加壓的走道和氣室彼此連接。

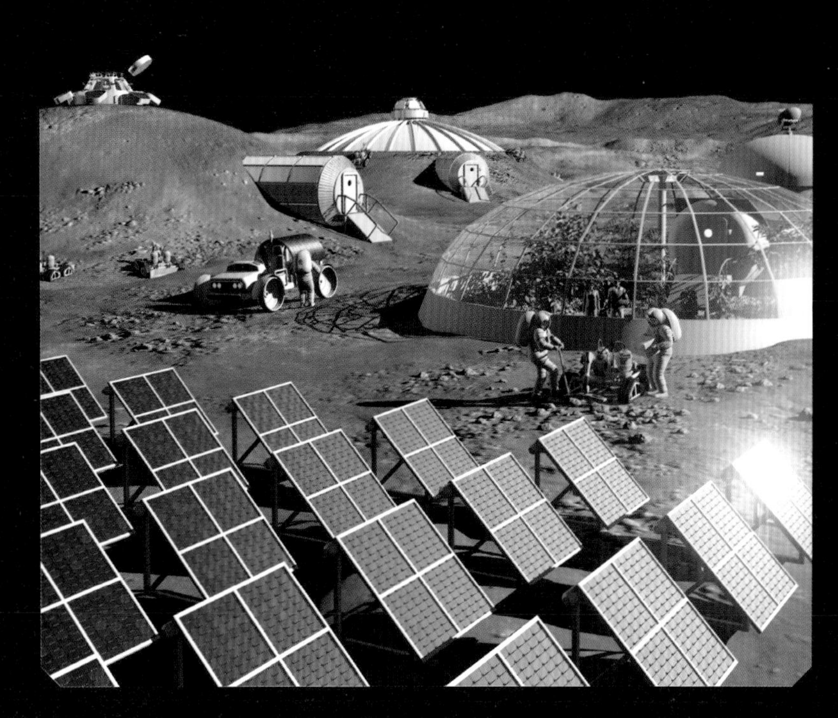

月球背面

2019年1月，中國成為第一個讓探測車降落在月球背面的國家，創下了太空探索的歷史。離開嫦娥4號月球登陸器後，玉兔2號（Yutu 2）月球車開始探索月球表面。這次任務的目的是為了進行土壤測試，並找出月球的水源。月球的背面一直保持在地球的視線之外，所以我們對它不太了解。由於月球繞地球公轉的週期，和月球繞著自己的軸心自轉的週期相同，因此在地球上永遠只能看見月球的正面。

月球的背面比正面有更多隕石坑形成的坑洞，天文學家對這樣的現象很感興趣。

珍貴的資源

多年來，月球似乎是個沒有生命跡象的世界，沒什麼可以提供給人類使用的。但是在月球表面下，有許多資源可以維持生命，其中水的發現也許是最重要的。水可以分為兩個化學元素：氫和氧，因此水可以提供生物呼吸的空氣，和作為太空火箭的推進劑。月球也有許多礦產資源可開採，包括鈦、金、鐵，和可以為核反應器提供動力的化學元素氦-3。

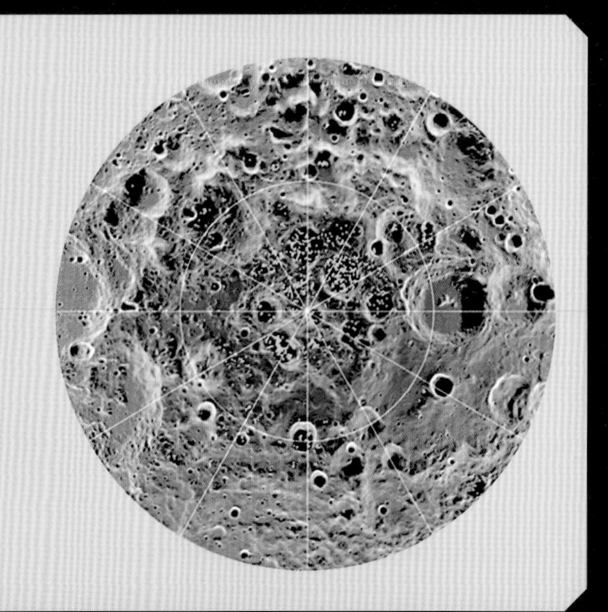

月船1號探測器所拍攝的紅外線影像，顯示月球表面有水分子存在。

火箭的歷史

自從羅伯特・戈達德在1926年發射火箭（參考第13頁）以來，火箭技術已經走了很長一段路。新式的多節火箭甚至可以將探測器、軌道器和登陸器，載送到太陽系的其他星球。時至今日，研發中的火箭未來將會載送人類到月球、火星，甚至更遙遠的地方去。

2009年6月1日，亞利安5號火箭發射了有史以來最重的商業衛星「Terrestar-1」。

R-7火箭

以納粹時期發展的V-2火箭技術為基礎，蘇聯首席火箭設計師謝爾蓋・科羅廖夫打造出R-7火箭，可說是他的心血結晶。R-7使用了多節火箭群圍繞著中央核心火箭的設計，而不是一節一節火箭堆疊的方式。R-7火箭在1957～1968年間服役，不但發射了史波尼克1號進入太空（參考第16頁），更成為之後聯盟號（Soyuz）發射器家族的模型，聯盟號後來則成為世界上使用最廣泛的火箭。

亞利安5號運載火箭

以歐洲太空總署於1979年打造的亞利安1號為基礎，亞利安5號（Ariane 5）是重型運載火箭，通常擔任酬載任務，例如運載衛星進入地球軌道。不像之前的火箭採用堆疊分節的方式，亞利安5號是在中央核心火箭兩邊攜帶助推火箭。它還是歐洲第一枚使用低溫推進劑的火箭，推進劑必須存放在低溫下。

歷史上的一些火箭，由小到大排列。

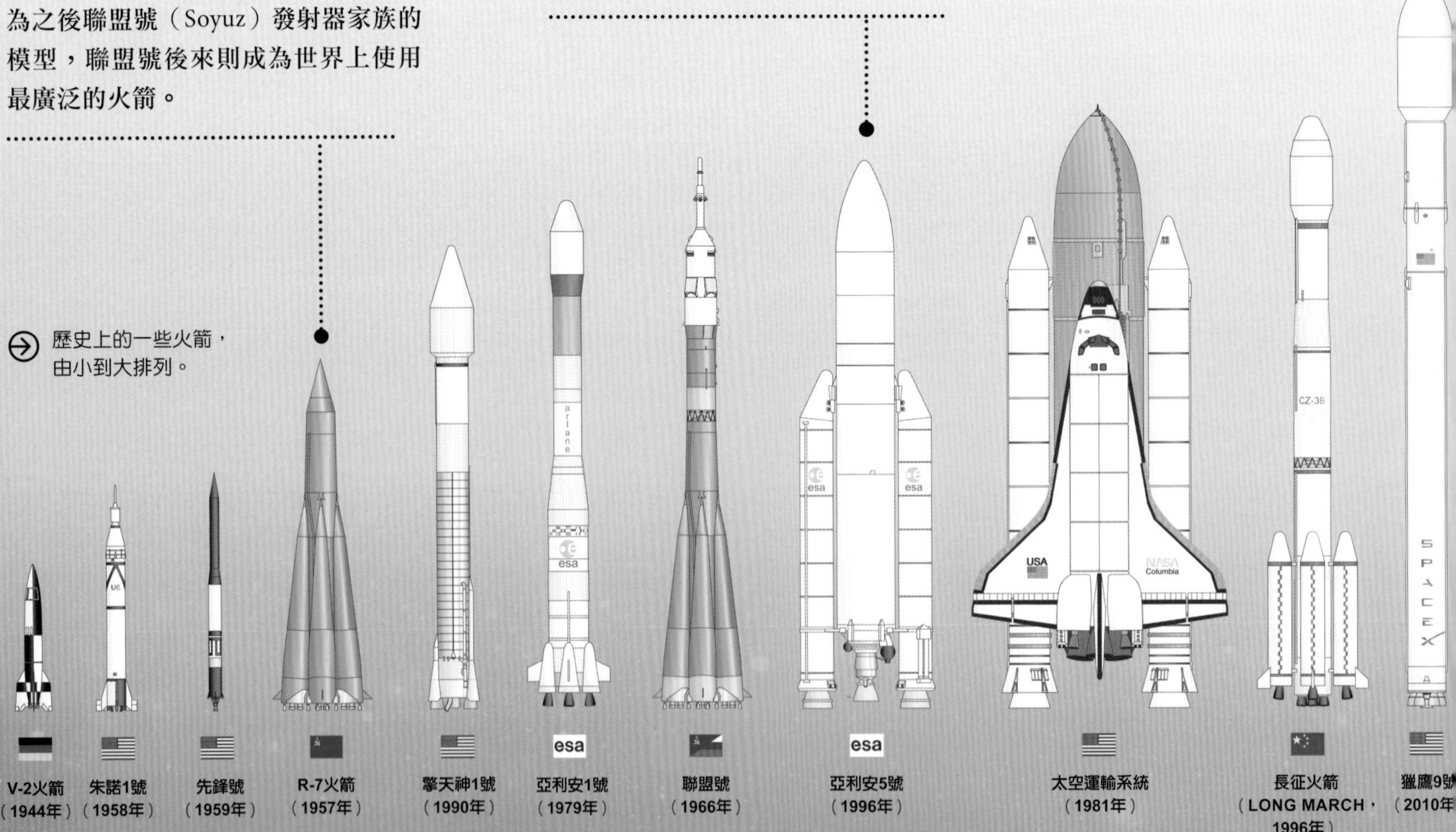

獵鷹重型火箭

獵鷹重型火箭（Falcon Heavy）是由美國私人公司Space X建造，為目前世界上最強大的服役中火箭。獵鷹重型火箭能酬載58公噸，而位於中央的第一節火箭，和兩側的助推火箭是其特色。獵鷹重型火箭可運載超重的衛星進入地球軌道，而且三個第一節火箭都能在拋棄後自行導航回到地球（參考第45頁），並在未來的飛行中再次使用。

新葛倫火箭

新葛倫火箭（New Glenn Rocket）是以美國第一位進入地球軌道的太空人約翰．葛倫而命名，預計在2020年代進行首次飛行。新葛倫火箭設計的酬載重量為57公噸，是一枚重型運載火箭，第一節火箭可以重複使用達25次。新葛倫火箭由私人公司藍色起源所建造，將用於運輸人員和補給進入地球軌道。

太空發射系統

太空發射系統的設計，將成為史上最強大的火箭，它的任務是將太空人送上月球、火星，甚至某一天能夠到達深太空。太空發射系統預計在2020年代推出，可稍加改變以適應特定任務。每次任務核心火箭都將維持不變，但是可以往上增加一節或增加助推火箭，以航行更遠的距離。它將是2024年載送美國太空人前往月球的火箭。

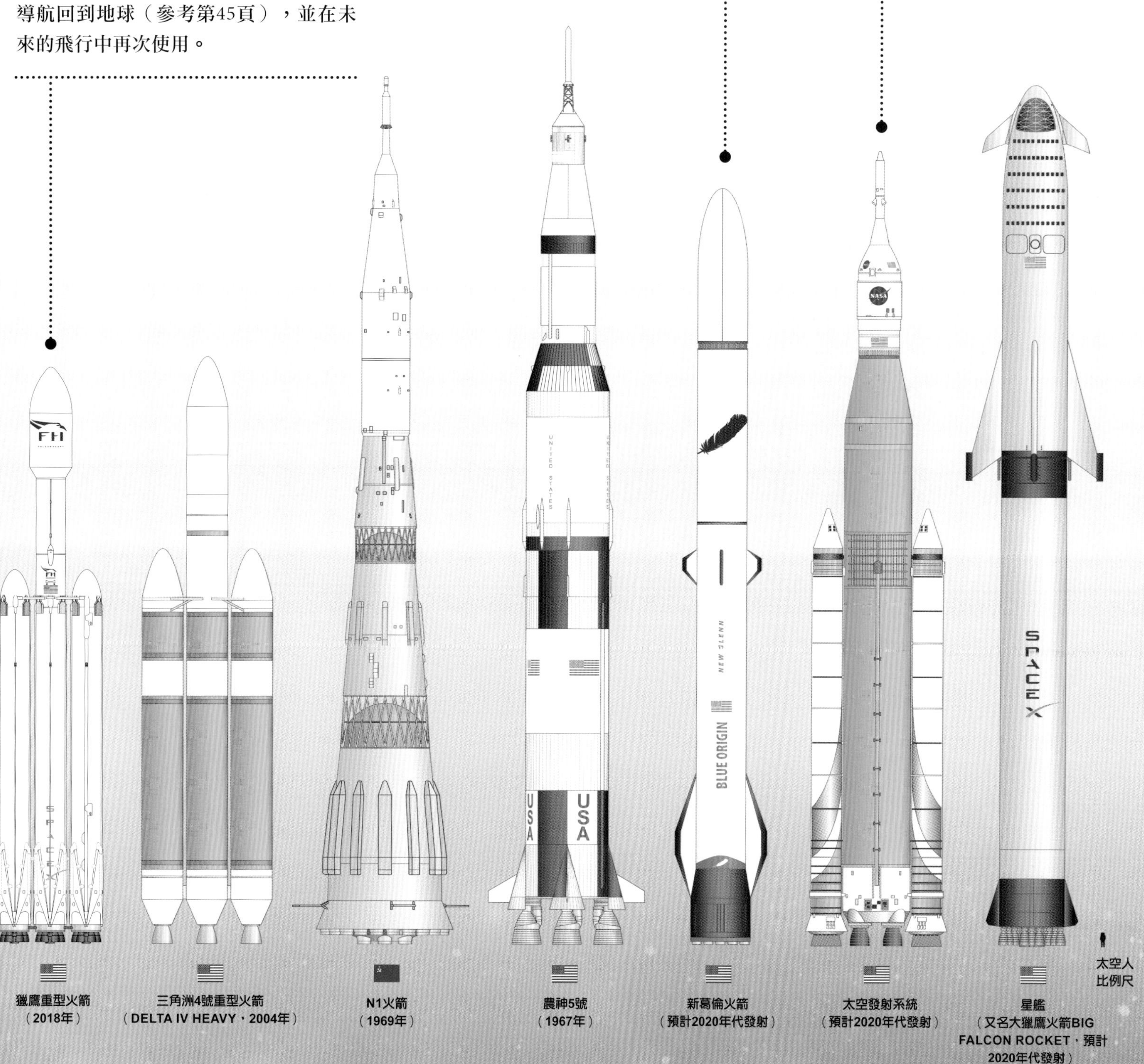

獵鷹重型火箭（2018年）

三角洲4號重型火箭（DELTA IV HEAVY，2004年）

N1火箭（1969年）

農神5號（1967年）

新葛倫火箭（預計2020年代發射）

太空發射系統（預計2020年代發射）

星艦（又名大獵鷹火箭BIG FALCON ROCKET，預計2020年代發射）

可重複使用的太空船

探索太空的花費非常昂貴。在太空競賽時期，建造和發射太空船就花費了數十億，而且只能使用一次。到了1980年代，NASA發表了可以重複使用的有翼太空飛機：太空梭。時至今日，在太空船的設計中，可重複使用的技術正引領風潮。

可重複使用的太空梭

太空運輸系統，俗稱太空梭，是由五個可重複使用的太空飛機所組成，服役的時間從1981到2011年。太空梭利用外部油箱和兩枚助推火箭升空，到達地球軌道時助推火箭會掉落，因此太空梭必須依靠自己的引擎和燃料供應降落。太空梭降落跑道的方式和普通飛機是一樣的。

1985年，太空梭亞特蘭提斯號（Atlantis）首次發射。

太空梭

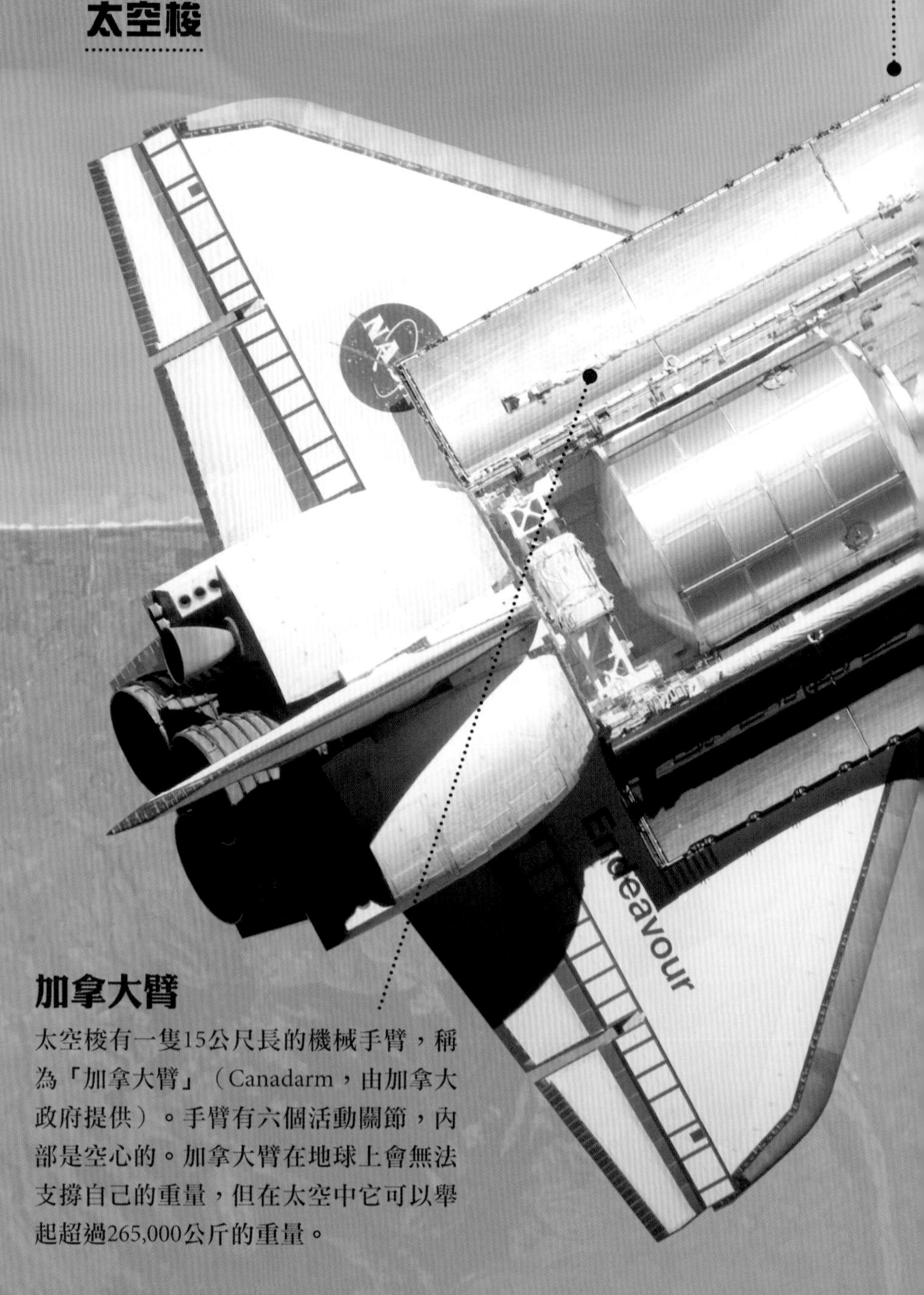

2008年，太空梭奮進號（Endeavor）靠近國際太空站，將酬載艙門打開，進行補給任務。

加拿大臂

太空梭有一隻15公尺長的機械手臂，稱為「加拿大臂」（Canadarm，由加拿大政府提供）。手臂有六個活動關節，內部是空心的。加拿大臂在地球上會無法支撐自己的重量，但在太空中它可以舉起超過265,000公斤的重量。

乘員艙

酬載艙的前面是太空梭的駕駛艙和中層甲板。駕駛艙看起來就像高科技飛機，有提供給任務指揮官和飛行員的兩個座位，和前方的大儀表板。駕駛艙後面是中層甲板，太空人在這裡工作、飲食、睡覺，並在個人衛生站盥洗。

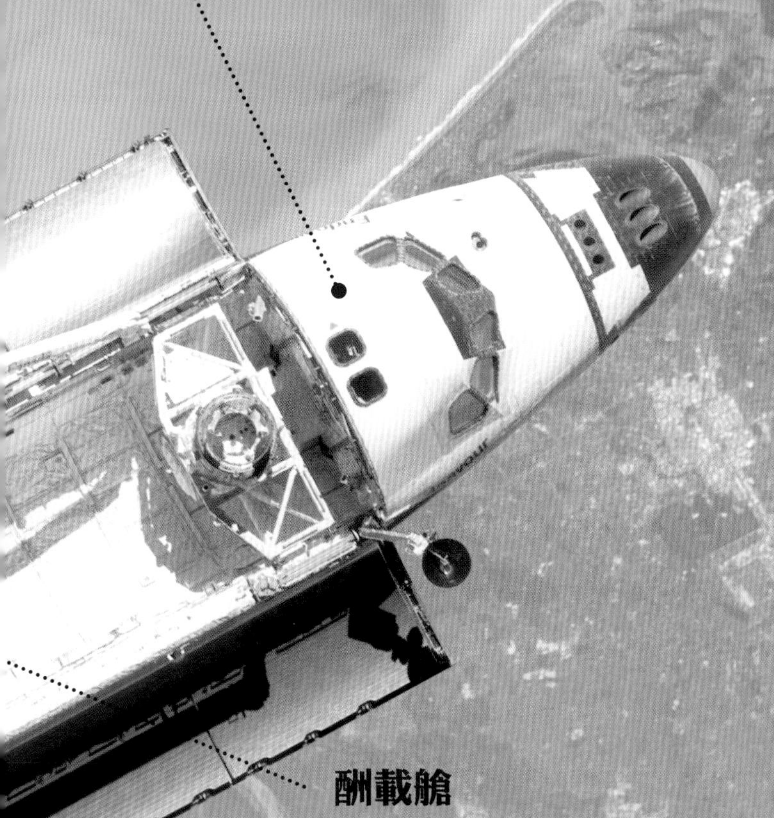

酬載艙

衛星、望遠鏡、太空站的太空艙等大型酬載，會從太空梭的大型酬載艙內部，直接運送進入軌道。一旦進入太空，鉸接的酬載艙門就會打開將貨物送出。

1994年，太空梭亞特蘭提斯號在著陸時，使用阻力傘來減速。

太空騎士

太空騎士（Space Rider）是可重複使用的太空船，在地球軌道上進行科學實驗，一次可以停留兩個月，預計在2022年起飛。歐洲太空總署的太空騎士將搭載在織女星C型火箭（Vega-C Rocket）上發射，貨艙可酬載800公斤的重量。太空騎士在返回地球時，會點燃反向推進器，並使用大型的翼傘滑行降落在跑道上。

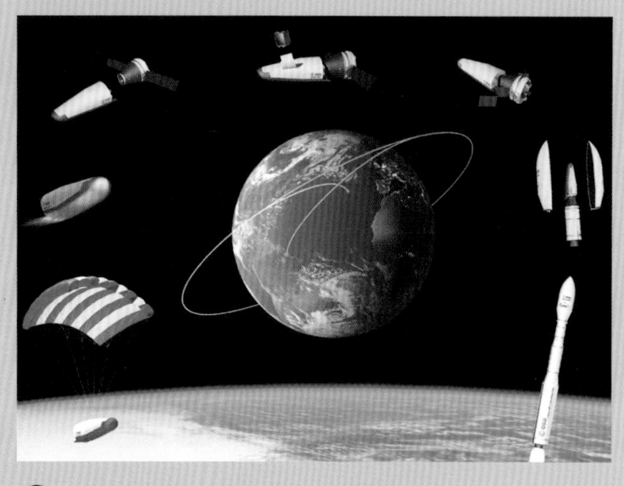
藝術家繪製圖：太空騎士升空後的各階段。

可重複使用的火箭

Space X公司擁有一系列可重複使用的火箭可供運作。像是其中的一枚獵鷹重型火箭，在2018年的測試任務中，成功在繞行太陽的軌道上放了一輛汽車。Space X公司對於可重複使用的太空船也有充滿野心的計畫：預計運送100個人和136公噸的物資到火星。「星艦」計畫的最終目標是在未來讓人類殖民火星。

2018年2月6日，獵鷹重型火箭從甘迺迪太空中心發射升空後，兩枚助推火箭垂直降落。

太空站

在美國阿波羅任務成功之後，蘇聯便放棄了人類登陸月球計劃，轉而將注意力轉向發射太空探測器和建設太空站。

停留在地球軌道上的太空站，目的是用來進行實驗，並觀察人體長期待在太空中的影響。蘇聯在太空站技術上居於領先，在1971到1982年之間，共發射了七個名為「禮炮」的太空站。然而，最大且歷時最久的太空站，卻是好幾個國家的合作成果。1998年，一個繞行地球的永久性載人衛星：國際太空站發射了第一個太空艙。時至今日，國際太空站見證了多國太空合作時代的到來。

國際太空站

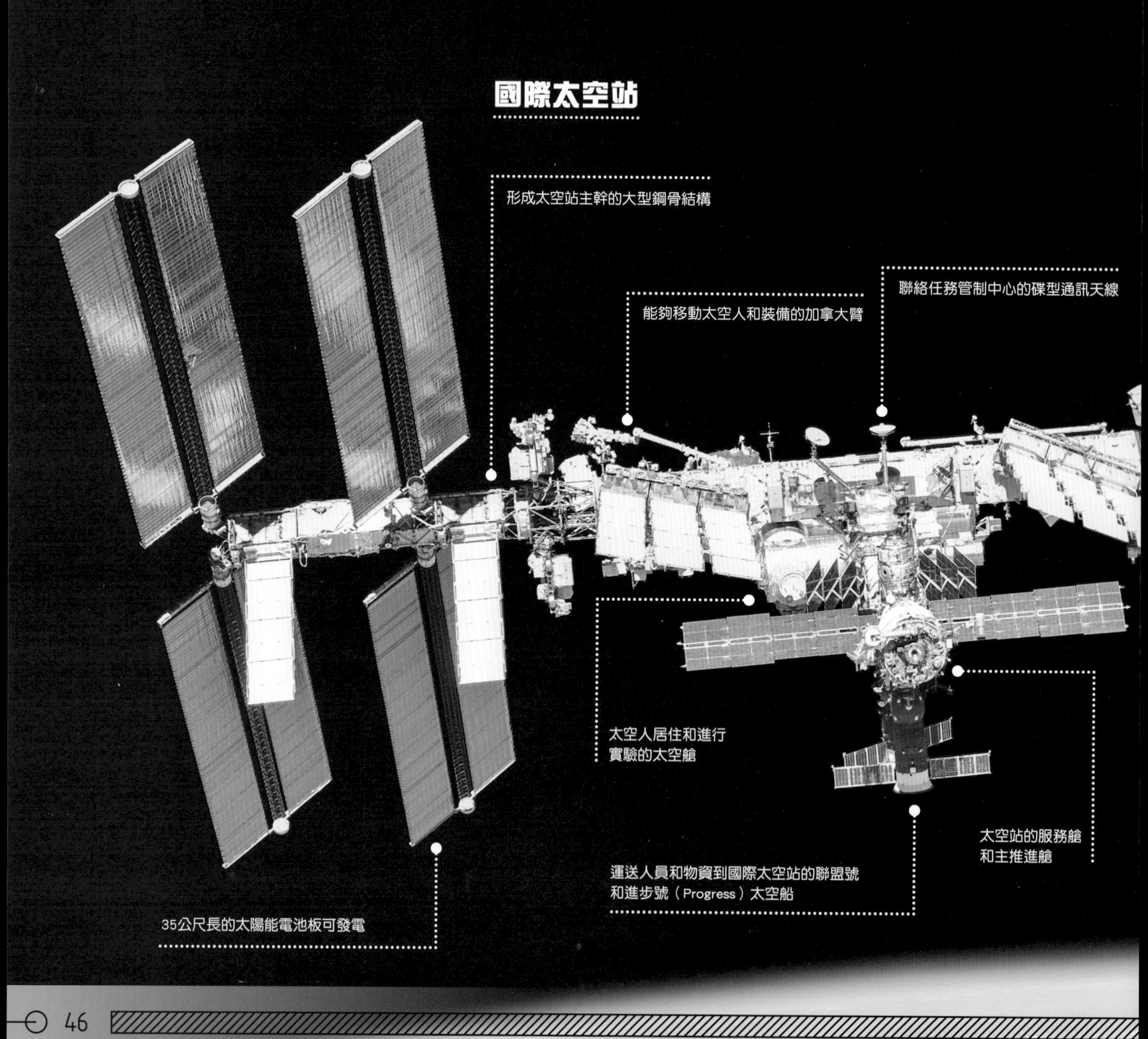

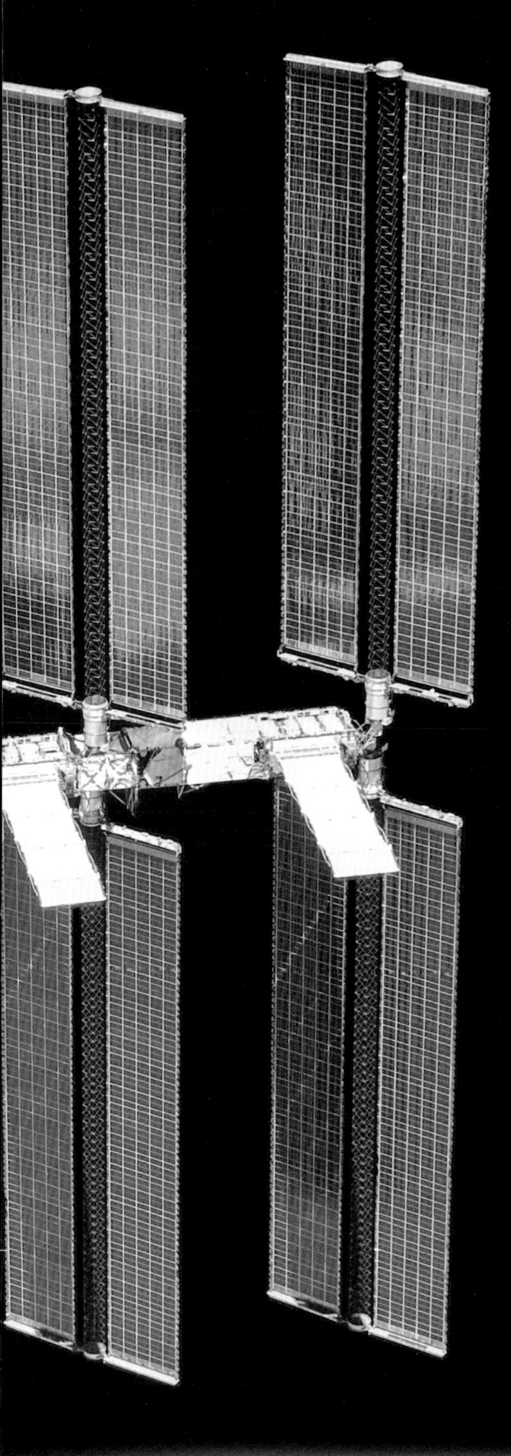

2018年10月4日，從聯盟號的角度拍攝國際太空站。太空人在太空中度過197天後，聯盟號太空船正準備帶他們回家。

太空站

禮炮1號（1971年）

禮炮1號有三個加壓室，可容納三名太空人。它繞地球運行了近3,000次，並在太空中度過175天。在禮炮1號之後還發射了六個禮炮太空站，最後一個禮炮7號在1982～1986年間繞地球軌道運行。

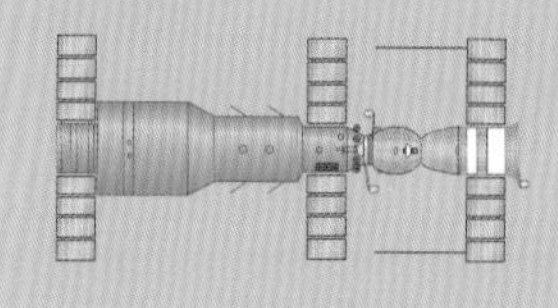

天空實驗室（1973～1979年）

美國的天空實驗室在太空中待了六年，進行有關失重狀態的實驗，其中最久的一次任務持續了三個月。

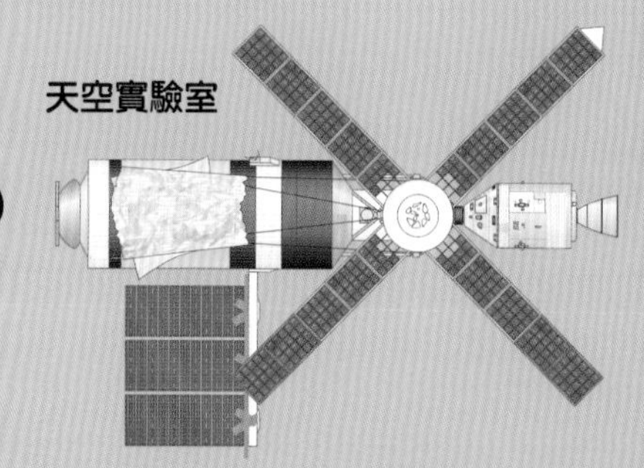

esa 太空實驗室（1983～1998年）

太空實驗室（Spacelab）是歐洲對太空站的技術貢獻，用來進行零重力的實驗。嚴格來說它不是太空站，而是太空梭裡的實驗室。

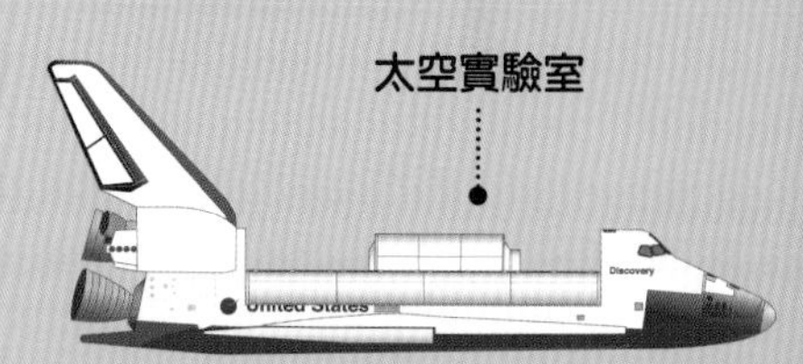

和平號（1986～2000年）

蘇聯和平號（Mir）是當時所建造最大的太空站，而且是第一個長期有人進駐的。太空人瓦列裡・波利亞科夫（Valeri Polyakov）在和平號待了437天，打破了在太空停留的最長時間記錄。

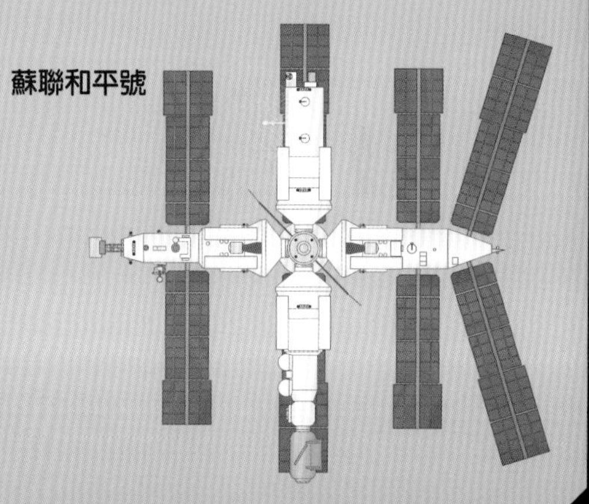

國際太空站（1998～）

國際太空站大約是一個足球場大小，由16個太空艙組成：五個由俄羅斯提供、美國提供八個、日本兩個、歐洲一個。面積超過2,500平方公尺的太陽能電池板會將陽光轉化為電能，為國際太空站提供動力。

太空站尺寸對照表

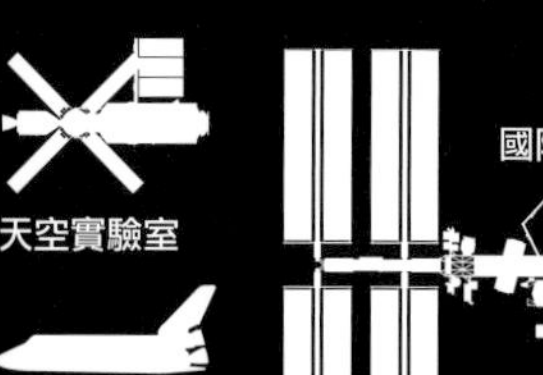

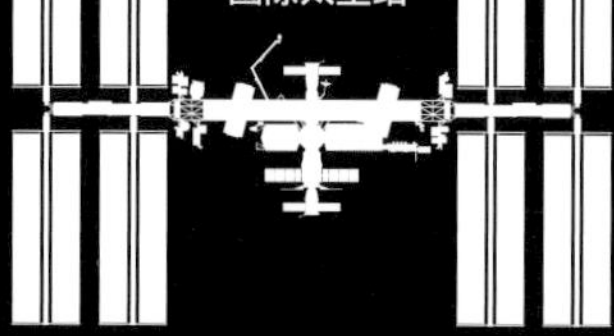

探索太陽系

在過去60年的太空探索中，人類的冒險最遠只到太陽系的月球。取而代之的是，科學家們發送了名為探測器的機器人太空船，去探索構成太陽系和太陽系以外的行星和天體。探測器能夠在對人類不利的環境中運作，並將數據和照片回傳，向人類揭示了以前看不見的世界。

太空船的種類

在整個太陽系發現之旅中，這些是主要發送的太空船種類。

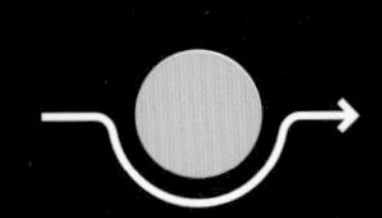

飛掠太空船

這些太空船會飛過目標星球，例如衛星和行星，一邊航行一邊記錄數據，然後再前往其他目的地。

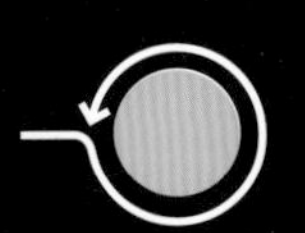

軌道器

軌道器會進入天體的軌道，從星球表面高處進行詳細研究。

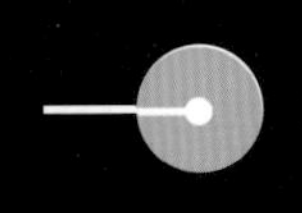

進入探測器／撞擊器／登陸器

進入探測器下降後會進入天體的大氣層，工作時間通常很短暫，登陸器和撞擊器則會降落在星球表面。這些太空船在過程中都會記錄環境數據。

探測車

探測車是（緩慢）行駛的車輛，穿越星球的表面進行探索。

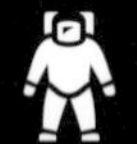

載人任務

到目前為止，載人任務只到訪過一個太陽系的天體：月球。

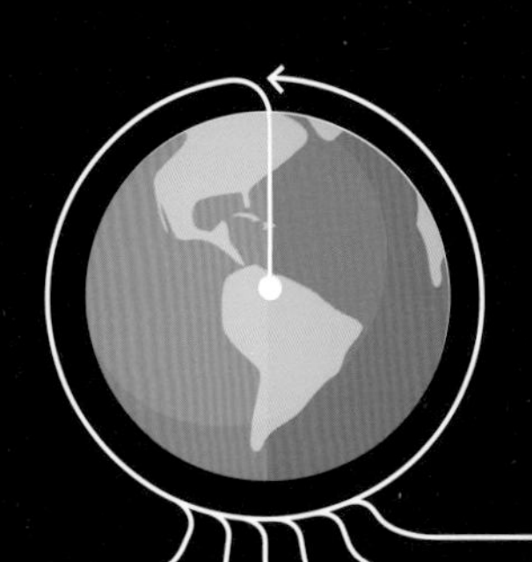

地球

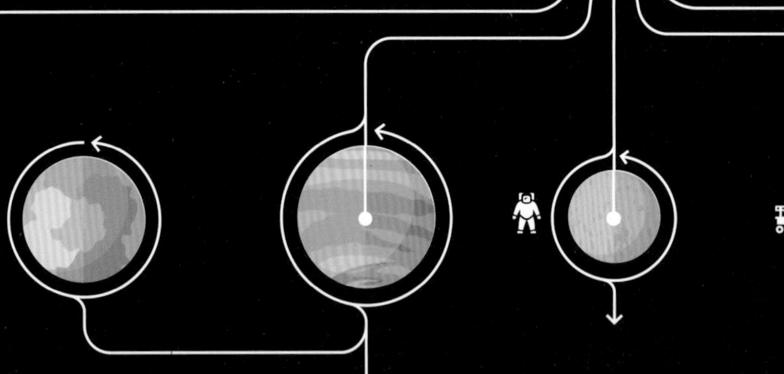

小行星穀神星
軌道器

小行星灶神星
軌道器

小行星25143系川
樣本取回

小行星1
軌道器

太陽

20×軌道器

著名的太空船

1974 太陽神1號軌道器
1994 尤利西斯號軌道器
1996 太陽和太陽圈探測器軌道器
1997 先進成分探測器軌道器
2001 創始號（Genesis）軌道器
2006 日地關係天文台（Stereo）軌道器
2018 派克太陽探測器 軌道器

水星

1×飛掠
1×軌道器

太空船

1974 水手10號 飛掠
2011 信使號 軌道器

金星

18×飛掠
8×軌道器
6×進入探測器
10×登陸器

著名的太空船

1961 金星1號 飛掠
1962 水手2號 飛掠
1967 金星4號 進入探測器
1974 水手10號 飛掠
1975 金星9號 登陸器
1982 金星13號 登陸器
1990 麥哲倫號 軌道器

月球

22×飛掠
30×軌道器
3×樣本取回
7×撞擊器
10×登陸器
4×探測車
6×載人任務

著名的太空船

1959 月球1號 探測器
1966 月球9號 登陸器
1969 阿波羅11號 載人登陸器
1970 月球車1號（Lunokhod 1）探測車
2008 月船1號 撞擊器
2018 玉兔2號 探測車

火星

9×飛掠
14×軌道器
6×登陸器
4×探測車

著名的太空船

1964 水手4號 軌道器
1971 水手9號 軌道器
1975 維京1號 登陸器
1997 旅居者號 探測車
2004 機會號 探測車
2005 火星偵察軌道衛星 軌道器
2011 好奇號 探測車
2018 洞察號 登陸器

小行星

11×飛掠
3 ×軌道器
3×樣本取回
2×登陸器

著名的太空船

1991 伽利略號 飛掠（小行星加斯普拉）
2000 會合號 軌道器／登陸器（小行星愛神星）
2005 隼鳥號 樣本取回（小行
2011 曙光號 軌道器（小行星
2018 隼鳥2號 軌道器／登陸器（小行星龍宮）

太空船的第一次

月球1號和月球3號

蘇聯的月球1號於1959年發射，是第一個被送入太空的探測器。月球1號原本應該降落在月球上，但是錯過了目標，於是進入了環繞太陽的軌道。同一年，月球3號拍下了月球背面的第一批照片（參考第41頁）。

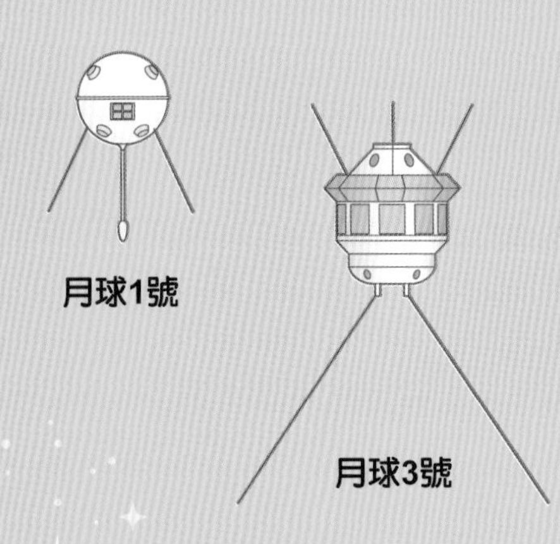

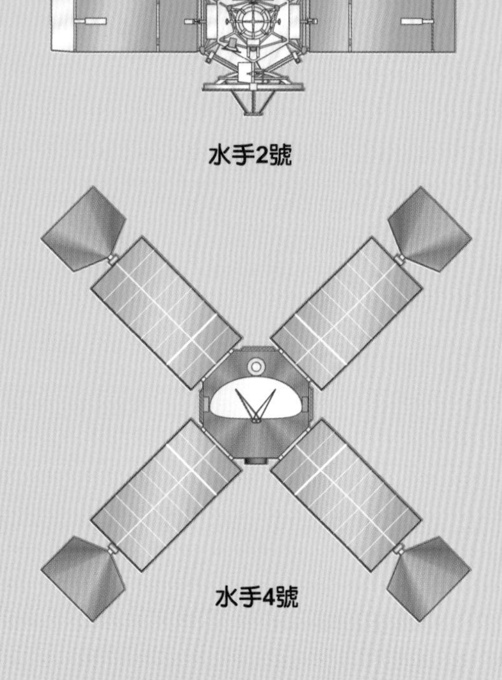

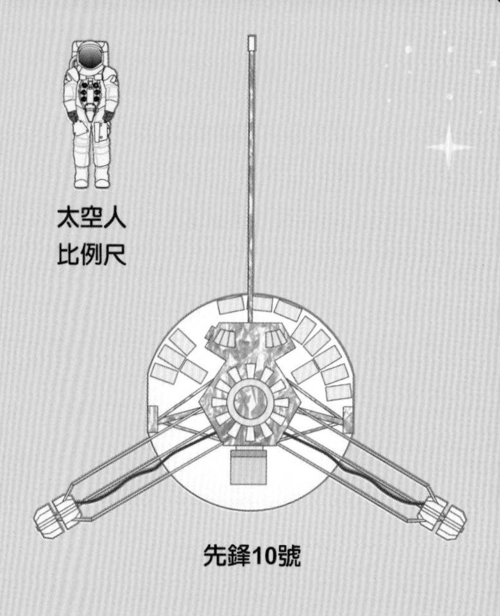

水手2號和水手4號

1962年，美國的水手2號第一次成功飛掠金星。1965年，水手4號飛越火星，並傳回火星的照片—這是有史以來第一次從深太空傳回的照片。

先鋒10號和先鋒11號

先鋒10號和11號分別於1972年和1973年發射，是第一個穿過小行星帶並記錄木星數據的探測器。時至今日，先鋒10號仍繼續著航程，朝著紅星畢宿五（Aldebaran）前進，預計超過200萬年才能抵達。它與地球已失去聯繫。

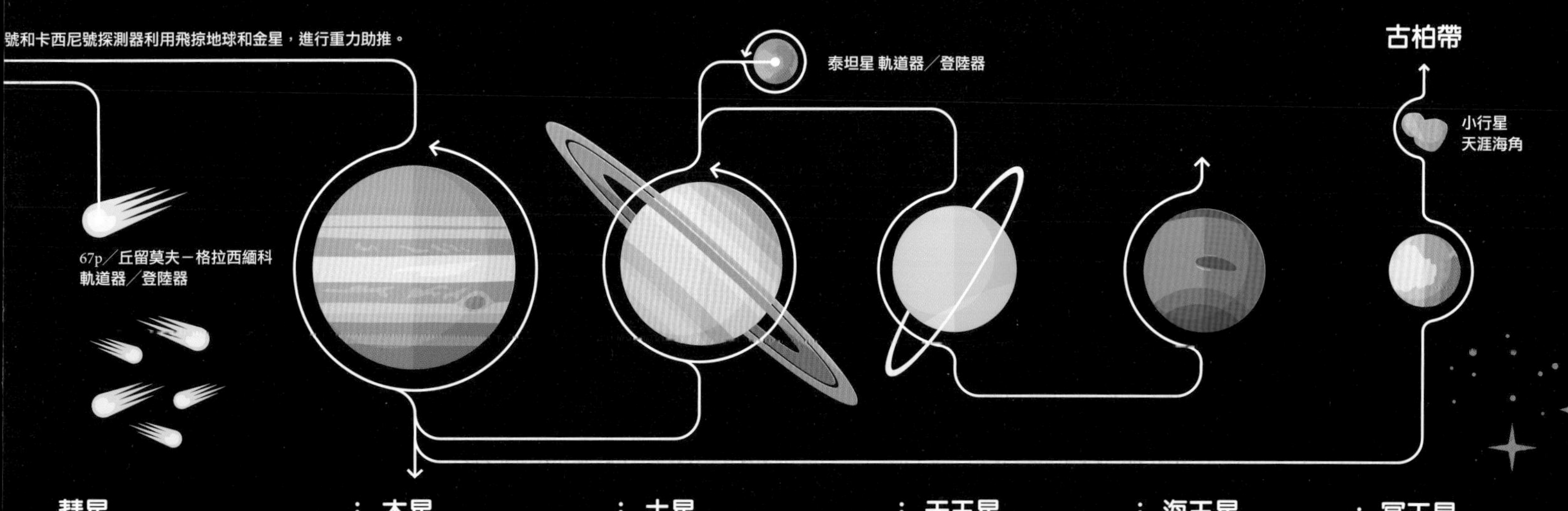

彗星

13×飛掠
1×軌道器
1×樣本取回
1×撞擊器
1×登陸器

著名的太空船

1986 喬托號 飛掠（哈雷彗星）
2005 深度撞擊號 飛掠／撞擊器（坦普爾一號彗星）
2004 星塵號 樣本取回（維爾特二號彗星）
2014 菲萊號 登陸器（67p/丘留莫夫－格拉西緬科）

木星

8×飛掠
2×軌道器
1×進入探測器

太空船

1973 先鋒10號 飛掠
1974 先鋒11號 飛掠
1979 航海家1號&2號 飛掠
1992 尤利西斯號 飛掠
1995 伽利略號 軌道器／探測器
2000 卡西尼－惠更斯號 飛掠
2007 新視野號 飛掠
2016 朱諾號 軌道器

土星

3×飛掠
1×軌道器
1×登陸器

太空船

1979 先鋒11號 飛掠
1980 航海家1號 飛掠
1981 航海家2號 飛掠
2004 卡西尼號 軌道器
2005 惠更斯號 登陸器（泰坦星）

天王星

1×飛掠

太空船

1986 航海家2號 飛掠

海王星

1×飛掠

太空船

1989 航海家2號 飛掠

冥王星

1×飛掠

太空船

2015 新視野號 飛掠

大小和距離未按比例繪製

水星

水星體積小、速度快，是距離太陽最近的恆星。水星在擁擠的橢圓軌道上運行，距離太陽最近的點只有4,600萬公里，距離最遠的點則有7,000萬公里。

水手10號

幾十年來，我們對水星的唯一特寫照片來自於水手10號探測器——第一個繞行其他行星將自己彈射出去的太空船。1974年水手10號在通過水星之前，利用了金星的重力使其減速並改變飛行路徑。為了抵禦太陽光線，水手10號還配置了遮陽板。從水星上方320公里處經過時，水手10號拍下水星照片並繪製了表面圖，照片中顯示水星是個被岩石轟炸過、坑坑洞洞的世界。

藝術家想像圖：信使號繞著水星軌道運行。

信使號

水手10號讓人類對太陽系最小的行星驚鴻一瞥。30年後，NASA才發射了後續太空船信使號（Messenger），對水星進行更詳細的研究。為了從地球到達水星，信使號必須花費將近7年的時間，穿越790萬公里的太空。信使號繞水星軌道運行直到2015年，期間有了許多新發現，包括水星兩極有水冰存在的證據。

貝皮可倫坡號

水手10號和信使號的任務，顯示出水星是個神祕的地方，其中一個謎團是它擁有高含量的鉀和硫。為了找出這個行星的起源，歐洲太空總署和日本合作，在2018年發射了貝皮可倫坡號（Bepicolombo）。貝皮可倫坡號預計於2025年進入水星軌道。

水星**三分之二**的質量是由**鐵核**所組成，對岩質行星而言，水星的鐵核異常巨大。

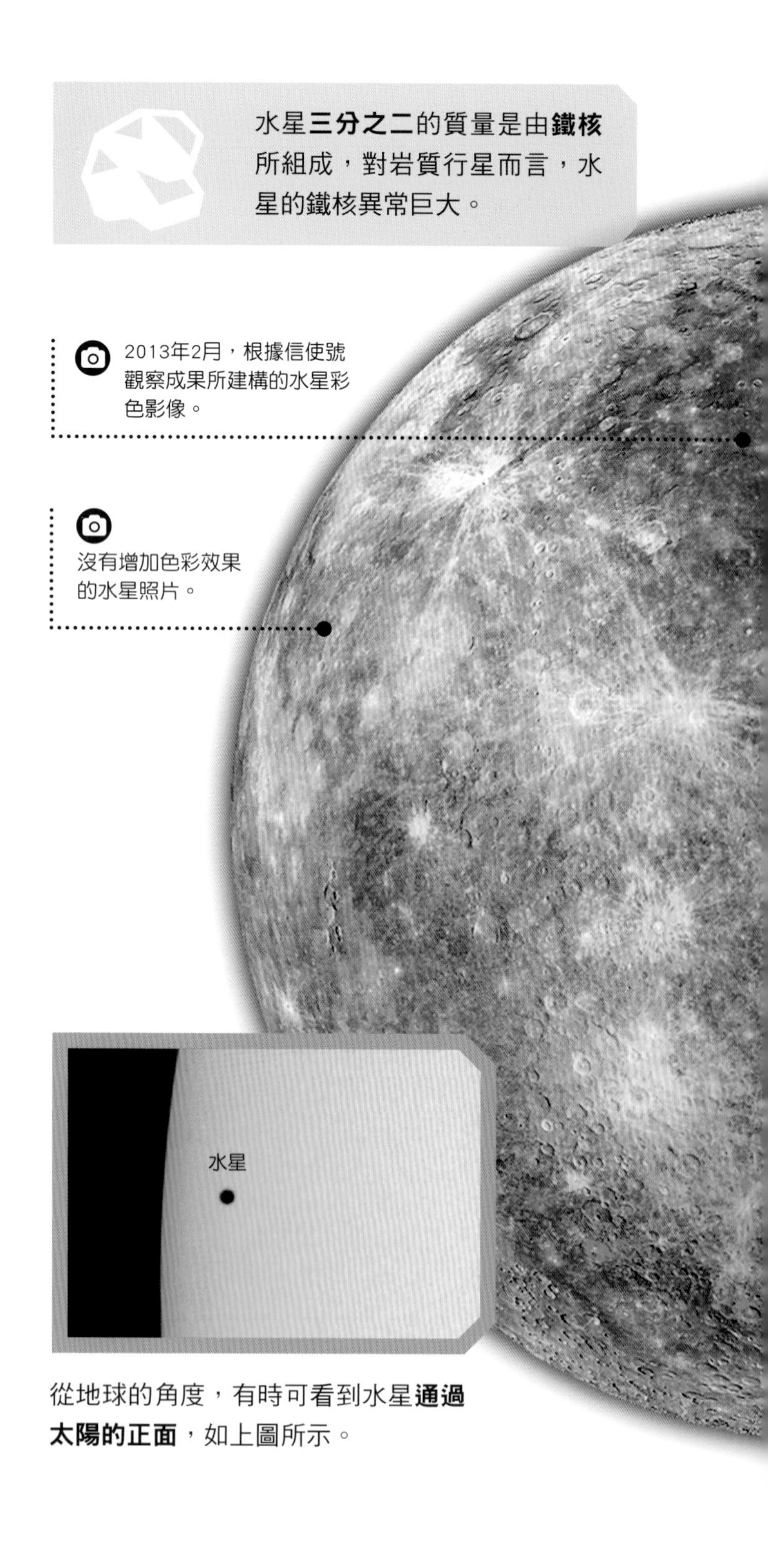

2013年2月，根據信使號觀察成果所建構的水星彩色影像。

沒有增加色彩效果的水星照片。

從地球的角度，有時可看到水星**通過太陽的正面**，如上圖所示。

水星的**自轉軸**只有**傾斜**兩度，因此在水星上是沒有**季節變化**的。

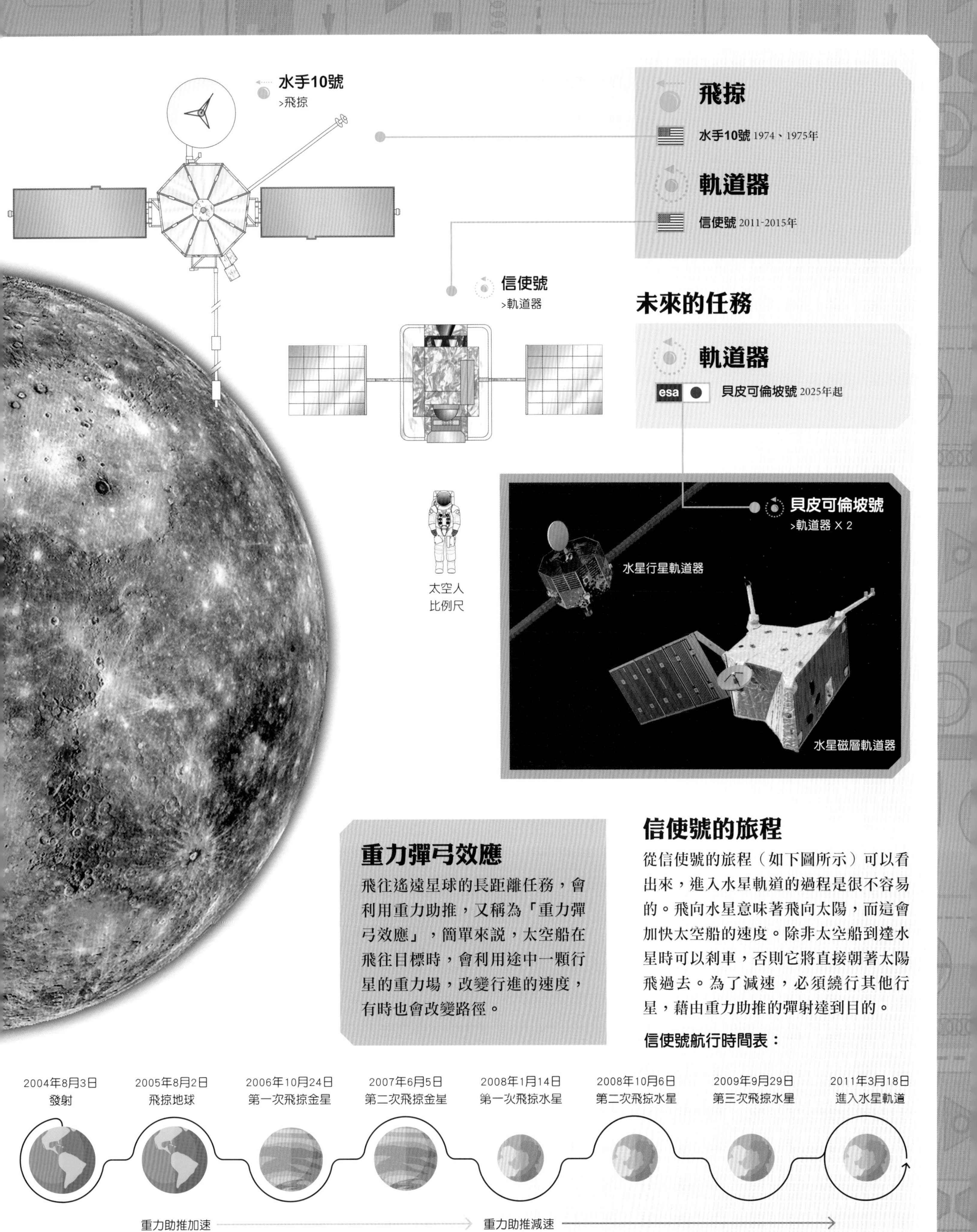

重力彈弓效應

飛往遙遠星球的長距離任務，會利用重力助推，又稱為「重力彈弓效應」，簡單來說，太空船在飛往目標時，會利用途中一顆行星的重力場，改變行進的速度，有時也會改變路徑。

信使號的旅程

從信使號的旅程（如下圖所示）可以看出來，進入水星軌道的過程是很不容易的。飛向水星意味著飛向太陽，而這會加快太空船的速度。除非太空船到達水星時可以刹車，否則它將直接朝著太陽飛過去。為了減速，必須繞行其他行星，藉由重力助推的彈射達到目的。

信使號航行時間表：

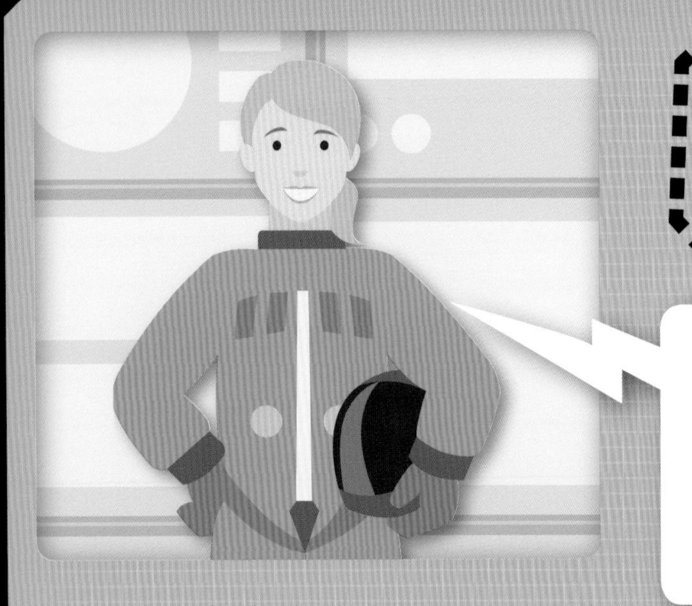

水星的旅行指南

水星是一顆飽受摧殘的小星球，表面坑坑洞洞的，也沒有防護大氣層。但是，水星擁有最前排無敵的太陽景觀——比在地球上看到的大三倍——非常壯觀。不要忘記戴一副太陽眼鏡！戴兩副更好！

登陸

降落在水星上的訣竅是慢慢來。如果採取直接路線，太空船會被拉入太陽軌道，距離愈近速度愈快，快到停不下來。你需要繞行其他行星藉由彈射來改變方向，但速度變慢意味著要花好幾個月的時間才能抵達——記得帶書陪伴你度過漫長的旅程！利用空中吊車，讓登陸器更容易下降到水星表面。

下降到崎嶇的表面時請小心。

探索

為了對抗太陽光線，切記穿著具備防輻射功能的太空衣。水星的重力只有地球的38%，因此你能夠以三倍快的速度行動。朝水星的北極或南極前進——水星兩極的隕石坑有水冰存在的證據，記得帶著你的採礦設備。冰可以分解成兩種化學元素——氧氣和氫氣，氧氣能夠讓你呼吸，氫氣則可以提供返回地球所需的火箭推進劑。你有想到必須使用燃料才能回家吧？有吧？

你需要

- ✓ 有空中吊車的登陸器
- ✓ 具備防輻射功能的太空衣
- ✓ 開採冰礦的設備
- ✓ 太陽眼鏡

表面

在沒有大氣層的情況下，水星無法防止來自太空的物體撞擊。水星表面有隕石坑形成的景觀，跟月球有點像。當你待在水星時，請留意隕石！你的登陸器需要有氧氣供應和嚴密的隔熱措施。如果降落在面對太陽的那一面，預計溫度會迅速上升到極熱的430°C！若是降落在黑暗中，則會遇到相反的問題——溫度可能驟降至-180°C。良好的加熱和冷卻系統，是登陸器上必備的。

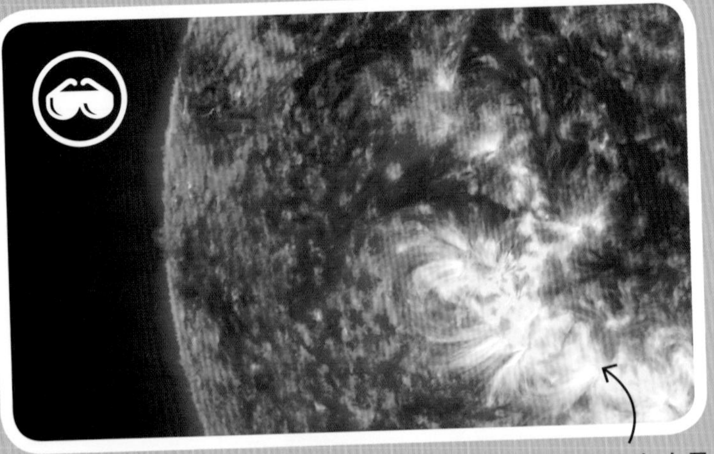

水星是距離太陽最近的行星，在水星看天空中的太陽會顯得很巨大。

水星資料檔案

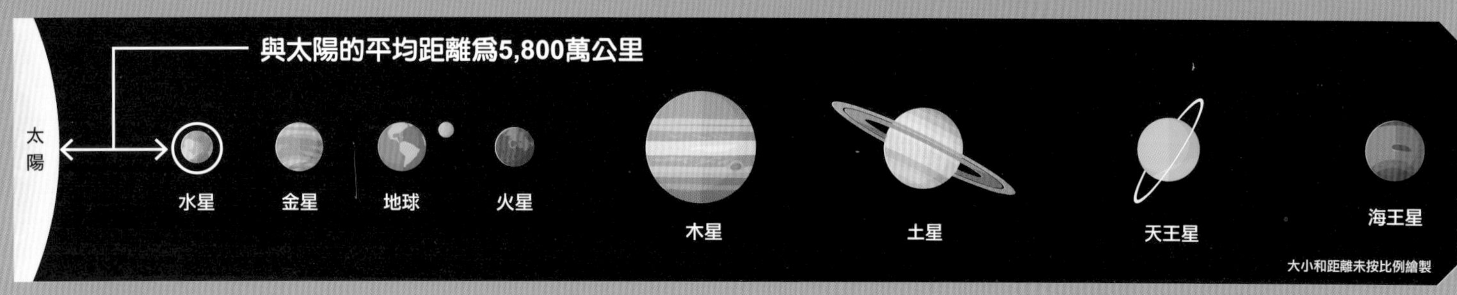

溫度

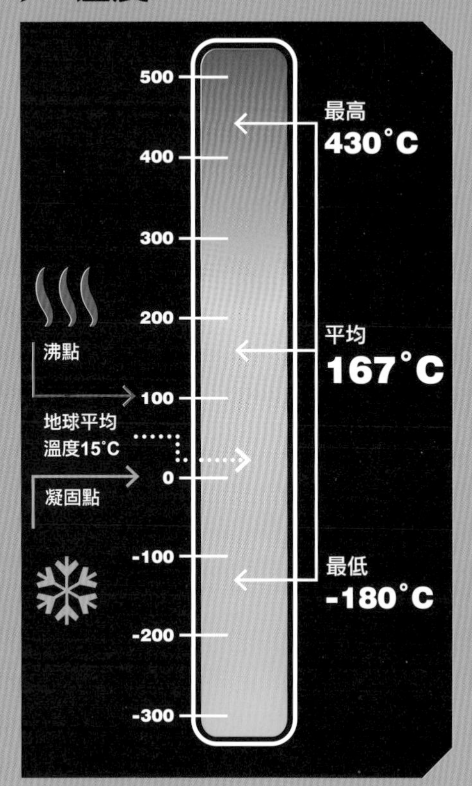

大小

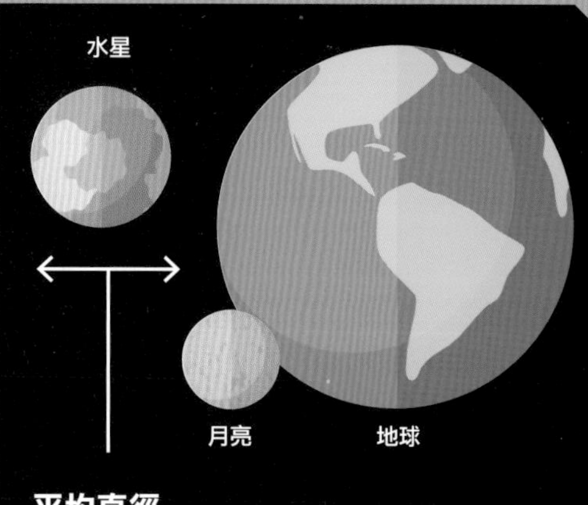

平均直徑

4879公里

水星的直徑大約是地球的五分之二，比月球稍微寬一點。

衛星：0個

速度

每秒47公里

水星以每秒47公里的速度在太空中運行，比太陽系其他行星都快。

地球：每秒30公里

日曆

一天的長度

58.6個地球日

一年的長度

88個地球日

表面特徵

外氣層：

水星雖然沒有像地球一樣的大氣層，但卻有一層稀薄的外層大氣，稱為外氣層。外氣層由水星表面隕石和太陽風所噴發的原子所形成，含有少量的氧氣、鈉、氫和鉀。

重力：

地球

X 0.38倍

如果你在地球的體重是70公斤（第11），在水星上你的體重會是27公斤（第4）。

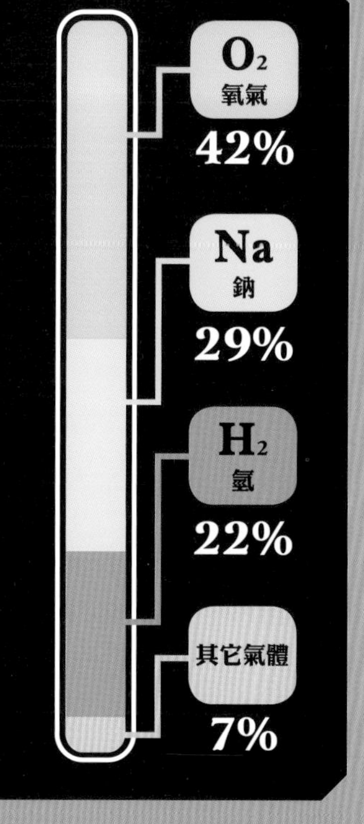

焦點

卡洛里撞擊坑（CALORIS CRATER）

大約40億年前，有顆100公里寬的小行星撞擊了水星。小行星著陸時的衝擊威力有如一百萬兆噸炸彈，並造成了一個1,550公里寬的撞擊坑，名為卡洛里（如下圖）。

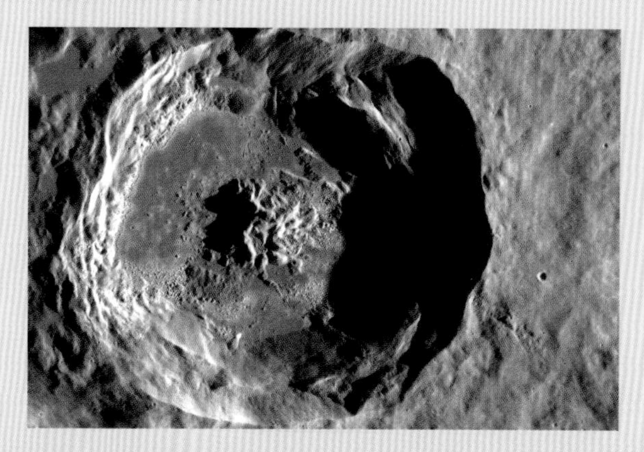

金星

幾世紀以來，金星的表面籠罩神祕面紗。夜空中最亮的行星被厚厚的雲層所覆蓋，是否有充滿生命的世界隱藏其中？

飛掠

19世紀時，科學家假想一個跟地球很相似的星球。蘇聯於1961年進行了第一次飛掠金星，當時金星1號太空船與金星相距不到100,000公里，但隨後失去聯繫。1962年，美國水手2號與金星距離只有35,000公里，傳回的數據令人震驚——金星的表面溫度竟然接近500°C。美國另一次的飛掠，水手10號則是報告金星有颶風級強風。

登陸器

蘇聯的金星4號是第一個進入金星濃密大氣層的，並在太空船熔化之前傳回了報告：金星的大氣主要由二氧化碳組成。1975年，金星9號利用降落傘到達金星表面並首次拍攝了照片，卻在53分鐘後宣告任務失敗。這些照片和數據揭示了何以金星是一個地獄的景象。這個行星有荒涼的岩石表面，溫度為475°C，有毒的大氣壓力比地球高了92倍，極具毀滅性。

1989年，太空梭亞特蘭提斯號在地球上空，發射了麥哲倫號軌道器，之後麥哲倫號便出發前往金星。

軌道器

1989年，美國的麥哲倫號（Magellan）成為第一個從太空梭發射的軌道器。麥哲倫號繪製了完整的金星表面地圖，顯示其有85%被熔岩流覆蓋著。這證明金星過去曾有頻繁的火山活動；沒有經過水的侵蝕，顯示熔岩流可能已有幾億年的歷史。回溯更久遠的以前，金星可能曾被海洋覆蓋著。若能解開是什麼原因讓金星變成如此荒涼的世界，也是了解其他岩質行星生命可能性的關鍵。

金星有濃密的**硫化雲**，讓人無法透過光學望遠鏡看清楚表面。

1991年麥哲倫號探測器透過雷達影像技術，穿過雲層所拍攝到的金星假色影像。

1974年2月5日由水手10號探測器捕捉到的畫面：顯示金星有濃密的雲層。

蘇聯發送到金星的11個探測器中，沒有一個在表面上撐過**兩小時**。

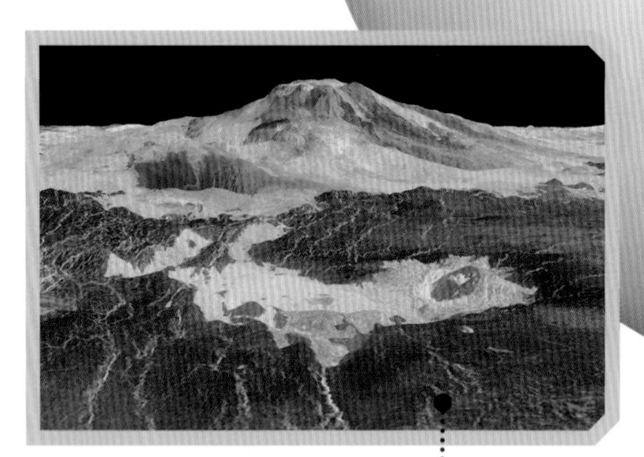

3D透視圖：金星最高的火山瑪阿特山（Maat Mons）。

金星是夜空中**最亮的行星**，只有月球比它還亮。

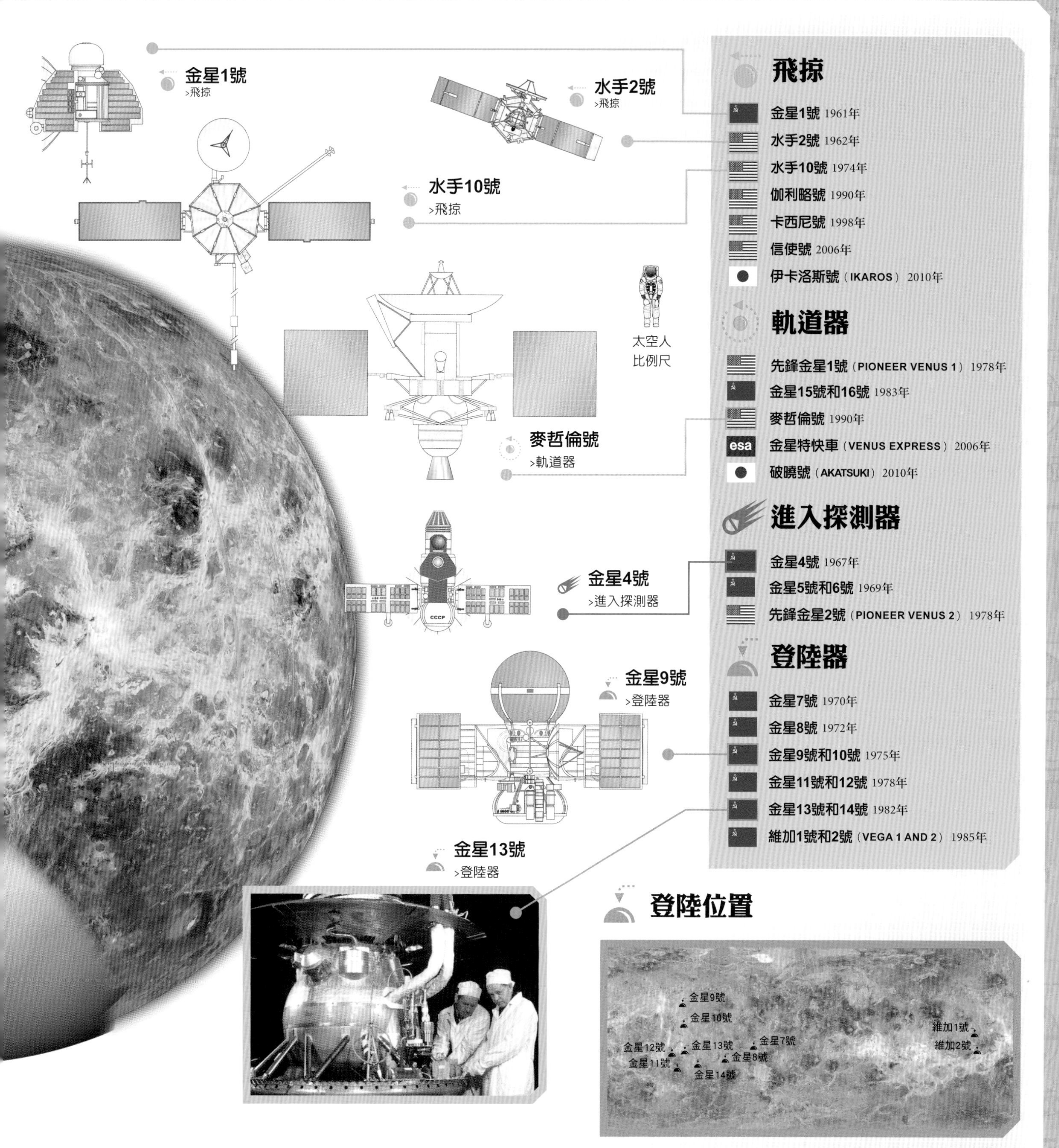

未來的任務

軌道器 印度的軌道器預計於2023年造訪金星，研究金星的大氣層。

Veritas計畫 美國的Veritas軌道器預計於2020年代中期發射，會利用高解析度雷達研究金星的地形（自然形態）。

Davinci計畫 美國的Davinci太空船預計於2020年代中期發射，計畫發射登陸器拍攝金星表面。

Llisse任務 最具有野心的金星任務，美國的耐用型太陽系原位探測器，會待在金星表面好幾個月收集大氣層數據。

金星的旅行指南

沒有人去過金星。為什麼？金星是一個熾熱的星球，高層大氣中有颶風般的強風吹襲，壓力要比地球高得多。然而，別讓這點困難阻撓你。只要有合適的裝備，人類還是有可能前往金星旅行的。

登陸

金星的壓力是如此強大，以至於任何普通的太空船都將在幾分鐘內被壓碎。金星的大氣壓力相當於潛水到大約1公里的深度。然而，地球上最深的海洋，馬里亞納海溝深度有將近11公里。有五種深海載具能夠承受下降到這種深度，因此打造一個可以承受金星壓力的飛行器是有可能的。但是，下一個要面對的問題是高溫……

你需要

- ✓ 登陸器／探測車
- ✓ 停留期間足夠的氧氣
- ✓ 冷藏的食物和水
- ✓ 飛船

藝術家想像圖：金星等著你的是……

表面

前往金星的旅行者不需要帶上夾克。這個行星的表面是我們太陽系中最熱的地方之一，溫度大約465°C。想前往金星的遊客必須仔細思考登陸器的設計，並且需要開發某種先進的空調。空調系統需要使用和地球上不同的液體，氫或氦是可能的選項，但是最有可能是一種特製的液體——沸點必須和金星表面溫度相近。

探索

直接把腳踩在這個星球上，可能不是一個好主意。但是金星的高層大氣有約20%的氧氣和70%的氮氣，這點和地球相似。任務中建議待在金星的軌道上，可以住在由機器人推土機建造、50公里高的山上，或是住在雲端城市，抑或是繞軌道飛行的巨型飛船上。

NASA曾經計畫過使用類似的飛船來探索金星。

金星資料檔案

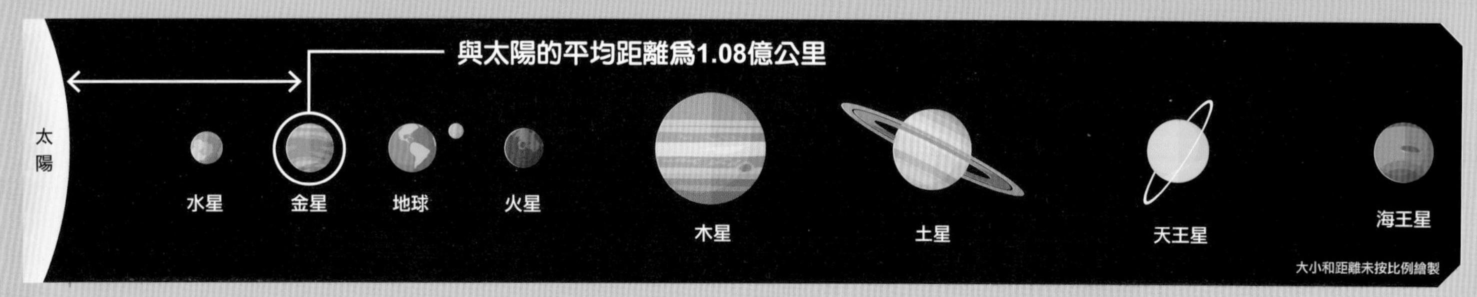

溫度

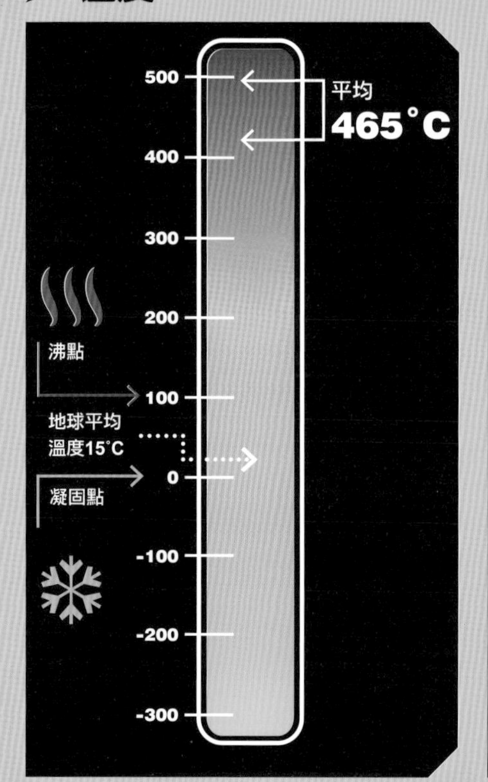

大小

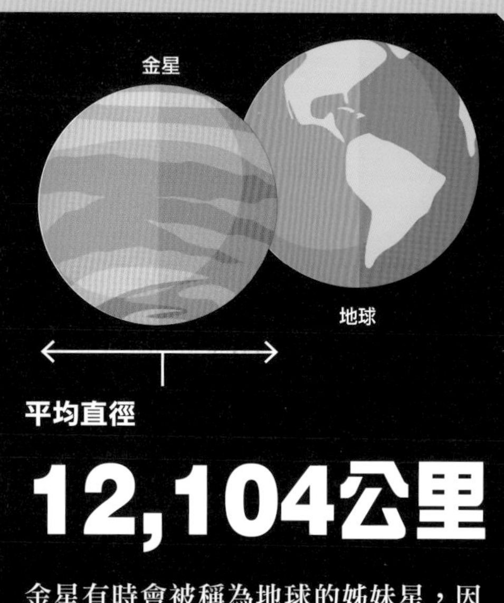

平均直徑

12,104公里

金星有時會被稱為地球的姊妹星，因為金星和地球有相似的大小、組成和重力。

衛星：0個

速度

每秒35公里

金星是太陽系第二快的行星——它以每秒35公里的速度在太空中快速移動。

地球：每秒30公里

日曆

一天的長度

243個地球日

一年的長度

225個地球日

表面特徵

大氣層：

在靠近金星的表面處，大量的二氧化碳會散發熱能，使金星成為太陽系中最熱的行星，大氣層條件更是十分惡劣。陰沉沉的大氣層，經常被閃電襲擊而顯得破碎不堪。

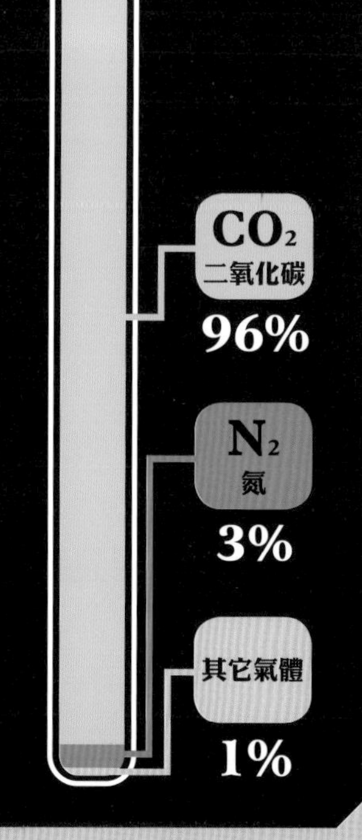

重力：

地球

X 0.91 倍

如果你在地球的體重是70公斤（第11），在金星上你的體重會是64公斤（第10）。

焦點

旋轉

只有金星和天王星是逆行自轉，這代表它們和太陽系的其他行星旋轉方向相反。有人認為，在很多很多年以前的某個時間點，金星曾與某個東西碰撞，並因此改變了方向。金星旋轉速度緩慢，所以是唯一一個一天比一年長的行星！

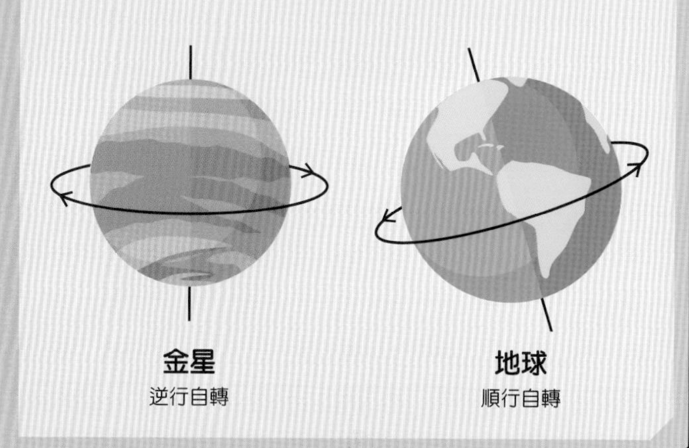

火星

火星是貧瘠的星球，看不到生命跡象。然而，幾百萬年來，有廣闊的湖泊覆蓋表面，深邃的河流穿過山谷的岩石。可能有生命存在嗎？目前我們向火星發送的太空船數量超過其他行星，以試圖解開謎團。

軌道器

1965年，當水手4號探測器飛掠火星時首次拍攝了照片，許多人期待能看到外星文明。1971年，水手9號軌道器拍攝了更近的火星影像，証實沒有外星人存在，但是這個星球是如此複雜和迷人，吸引我們不斷發送更多飛行器。時至今日，有許多火星軌道器仍持續進行研究，其中有部分軌道器由火星偵察軌道衛星掌管，連像網球一樣的物體，也能夠拍攝到。

登陸器

1975年，維京1號和維京2號（Viking）在火星軌道上運行，並將登陸器降落到火星表面。照片顯示在粉紅色的天空下有鐵鏽般的紅色岩石景觀，但是，土壤中有機物質的測試尚無定論。之後又發射了14個登陸器，有些在著陸時墜毀或設備故障。最近一次的成功經驗是2018年的洞察號登陸器，任務是探測火星的表面，有望幫助我們找到太陽系四個岩質行星（水星、金星、地球和火星）的形成原因。

藝術家想像圖：洞察號登陸器正在探測火星表面。

探測車

1997年，火星拓荒者號運送了一輛探測車去探索火星表面。配備太陽能電池板的旅居者號探測車傳回了影像，侵蝕的溝壑顯示火星過去曾有流動的水存在。兩輛更大的探測車，精神號和機會號，幾乎能夠應對任何地形，都是在2003年發送，並降落在火星的不同側面。機會號探測車在火星上探索了14年，最後在2018年被沙塵暴困住後停止通訊。

一組太空人前往火星並返回地球，要花超過**兩年**的時間。

在地球上用望遠鏡可以看見火星上明亮的極冠，極冠是由水冰和冷凍二氧化碳所形成的。

1976年維京1號軌道器捕捉到的火星全彩影像。

火星和地球距離最近的**發射窗**（Launch Window，最適合發射飛行器的一段時間），每**26個月**才有一次。

科學家相信，火星曾經有個**海洋**，比地球上**北冰洋**的水更多。

水手號谷（Valles Marineris）是太陽系最大的峽谷。

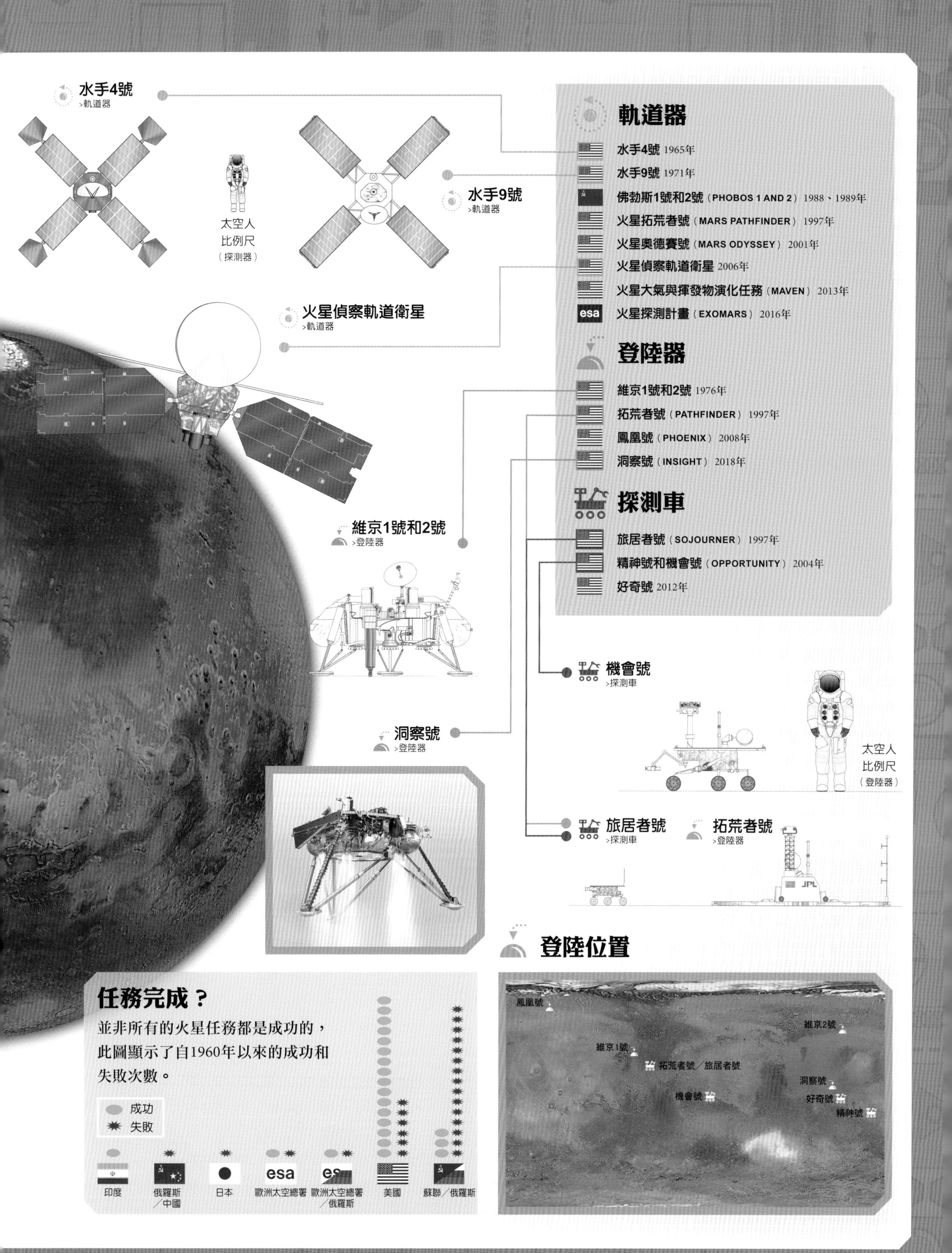

水手4號
>軌道器
太空人
比例尺
（探測器）
水手9號
>軌道器
火星偵察軌道衛星
>軌道器
維京1號和2號
>登陸器
洞察號
>登陸器
軌道器
水手4號 1965年
水手9號 1971年
佛勃斯1號和2號（PHOBOS 1 AND 2）1988、1989年
火星拓荒者號（MARS PATHFINDER）1997年
火星奧德賽號（MARS ODYSSEY）2001年
火星偵察軌道衛星 2006年
火星大氣與揮發物演化任務（MAVEN）2013年
esa
火星探測計畫（EXOMARS）2016年
登陸器
維京1號和2號 1976年
拓荒者號（PATHFINDER）1997年
鳳凰號（PHOENIX）2008年
洞察號（INSIGHT）2018年
探測車
旅居者號（SOJOURNER）1997年
精神號和機會號（OPPORTUNITY）2004年
好奇號 2012年
機會號
>探測車
太空人
比例尺
（登陸器）
旅居者號
>探測車
拓荒者號
>登陸器
JPL
登陸位置
鳳凰號
維京2號
維京1號
拓荒者號／旅居者號
洞察號
機會號
好奇號
精神號
任務完成？
並非所有的火星任務都是成功的，
此圖顯示了自1960年以來的成功和
失敗次數。
成功
失敗
esa
印度
俄羅斯／中國
日本
歐洲太空總署
歐洲太空總署／俄羅斯
美國
蘇聯／俄羅斯

火星探測車

好奇號探測車是機器人、車子大小、有輪子的實驗室，被送往火星探索150公里寬、曾經有水存在的隕石坑，主要目的是尋找有機物。好奇號的兩年任務原本預計於2014年結束，如今已無限期延長。

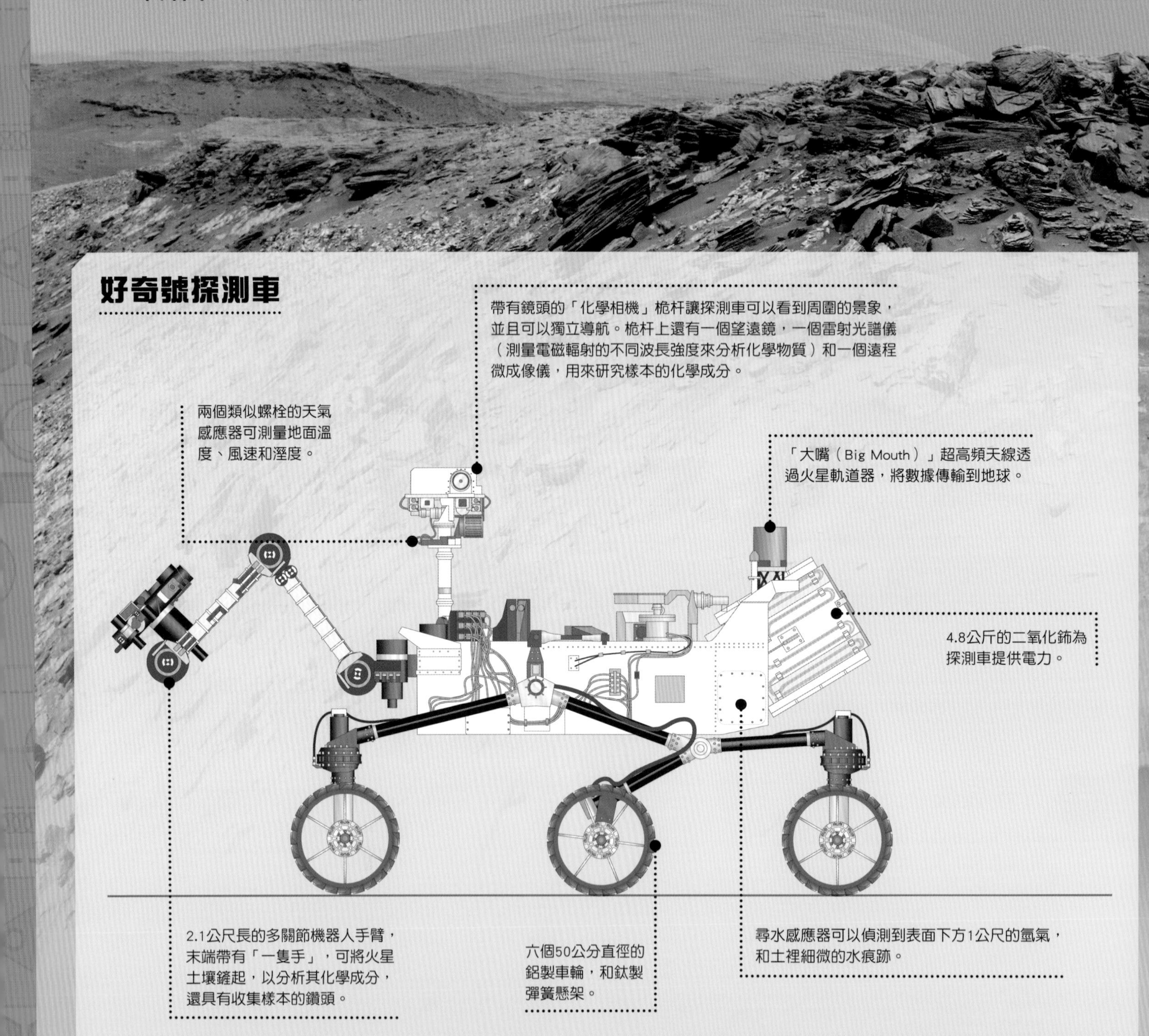

好奇號探測車
帶有鏡頭的「化學相機」桅杆讓探測車可以看到周圍的景象，並且可以獨立導航。桅杆上還有一個望遠鏡，一個雷射光譜儀（測量電磁輻射的不同波長強度來分析化學物質）和一個遠程微成像儀，用來研究樣本的化學成分。
兩個類似螺栓的天氣感應器可測量地面溫度、風速和溼度。
「大嘴（Big Mouth）」超高頻天線透過火星軌道器，將數據傳輸到地球。
4.8公斤的二氧化鈽為探測車提供電力。
2.1公尺長的多關節機器人手臂，末端帶有「一隻手」，可將火星土壤鏟起，以分析其化學成分，還具有收集樣本的鑽頭。
六個50公分直徑的鋁製車輪，和鈦製彈簧懸架。
尋水感應器可以偵測到表面下方1公尺的氫氣，和土裡細微的水痕跡。

長度：5.1公尺
高度：2.2公尺
車輪（直徑）：50.8公分
重量：8.99公斤
最高速度：每秒5公分
2015年8月5日，NASA的好奇號探測車在火星上的自拍照。
在其他星球行駛的距離
旅居者號 1997年 0.1公里
火星
月球
精神號 2004-2010年 7.7公里
好奇號 2012年至今（統計至2020年1月1日為止） 21.6公里
機會號 2003-2018年 45.2公里
月球車2號 1973年 39公里
阿波羅17號月球車 1972年 35.7公里

登陸火星

好奇號探測車登陸火星的過程，是結合複雜工程和勇氣的野心之作，被設計師稱為「地獄般的七分鐘」。造價25億美元的探測車必須輕輕地降落，以免損壞它脆弱的科學設備。

好奇號以子彈10倍的速度進入了火星的大氣層，它必須盡快減速，否則會墜毀在火星表面。火星的大氣濃密，快速移動的物體會迅速加熱，這是需要放慢速度的另一個原因。在地球上，返航的太空船會使用降落傘來減速，但是火星的大氣層太稀薄，降落傘無法發揮作用。好奇號的解決方案是使用空中吊車。以下是好奇號的著陸順序。

航行時間：8個月又10天

航行距離：5.63億公里

1 2012 年 8 月 6 日，火星科學實驗室太空船搭載好奇號抵達火星。

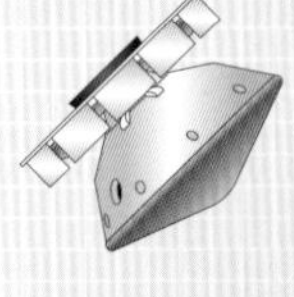

2 接近火星大氣層時，巡航艙與主要太空船分離。

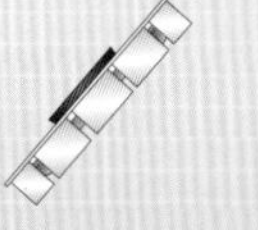

3 進入火星大氣層，巡航艙的隔熱罩達到2,100°C。剩下416秒，或不到7分鐘的時間，就能抵達火星表面。

0秒

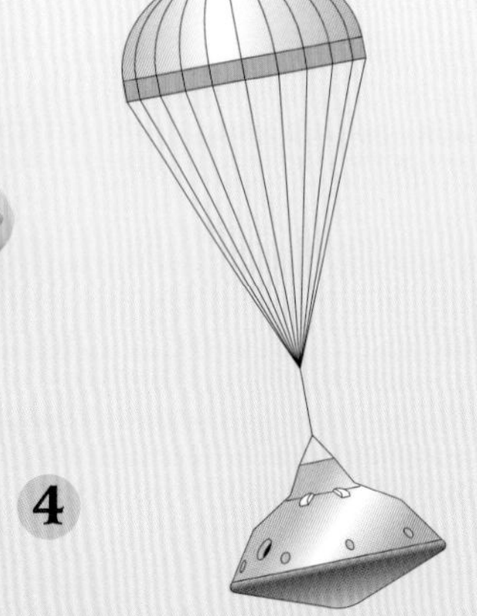

4 在火星表面上方11公里處，巡航艙打開降落傘，使太空船速度降到每小時1,700公里。

254秒

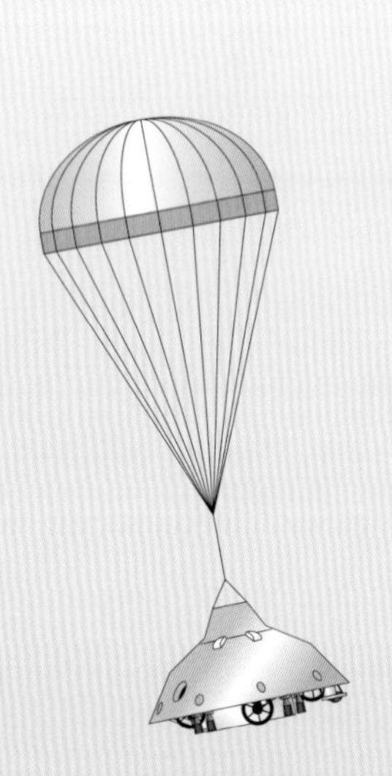

5 在火星表面上方8.8公里處，隔熱罩分離並掉落。太空船的儀表計算高度和降落速度。

278秒

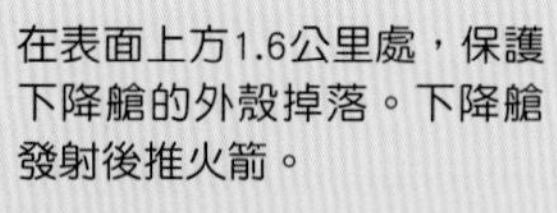

6 在表面上方1.6公里處，保護下降艙的外殼掉落。下降艙發射後推火箭。

336秒

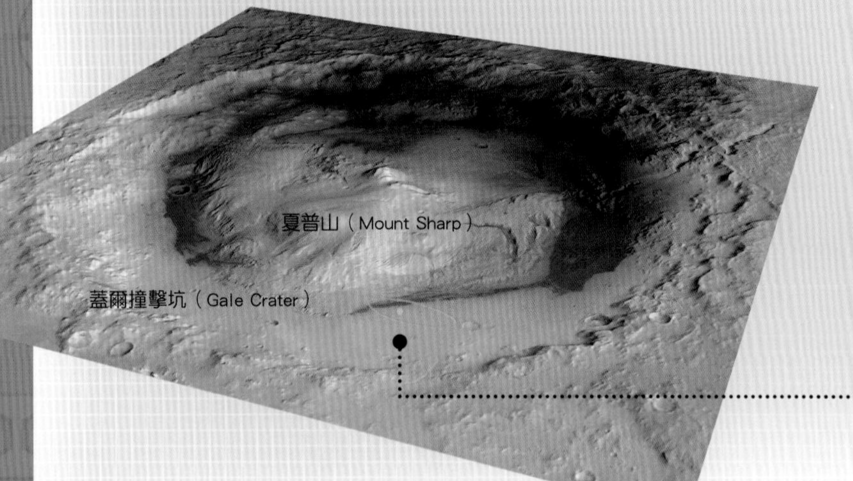

藍色圓圈顯示好奇號探測車的目標登陸區域，綠點則顯示探測車在蓋爾撞擊坑的確切降落地點。

早期的探險家

在好奇號出發前往火星的九年前，已先發送了精神號和機會號去觀察火星。當時尚未開發空中吊車，即使改用安全氣囊保護探測車，登陸過程仍是一路顛簸。兩輛探測車的任務原本只打算各持續90天，但它們勇往直前！精神號持續到2010年，機會號則一直在火星上到處緩慢移動，直到2018年，一場巨大的沙塵暴切斷了所有通訊。

機會號登陸順序

1 登陸器從降落傘掉落後，有大型安全氣囊保護著。

2 機會號探測車從安全防護氣囊中出現。

讓好奇號探測車抵達火星所需要的代價：

$25億美元	250個科學家	160個工程師

7 距離表面19公尺處，空中吊車的7.5公尺電纜，將探測車從下降艙往下放。

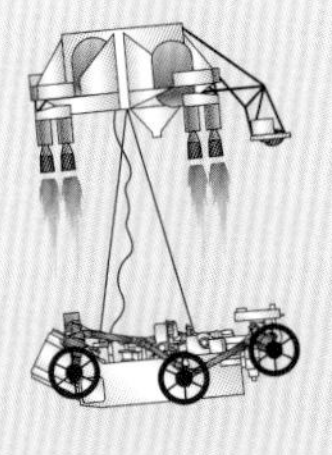

400秒

8 在表面上方3.5公尺處，好奇號彈出車輪準備降落。

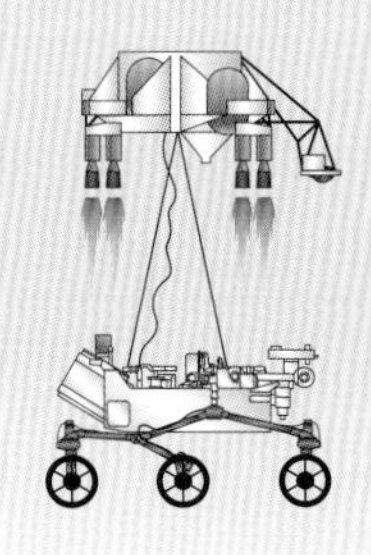

9 把好奇號放到地面後，空中吊車不會降落在探測車上，而是點火升空離去。降落完成！

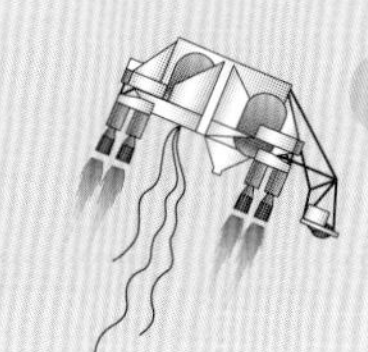

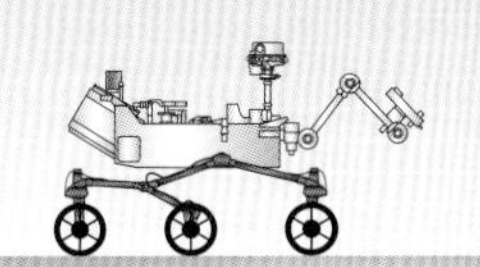

416秒

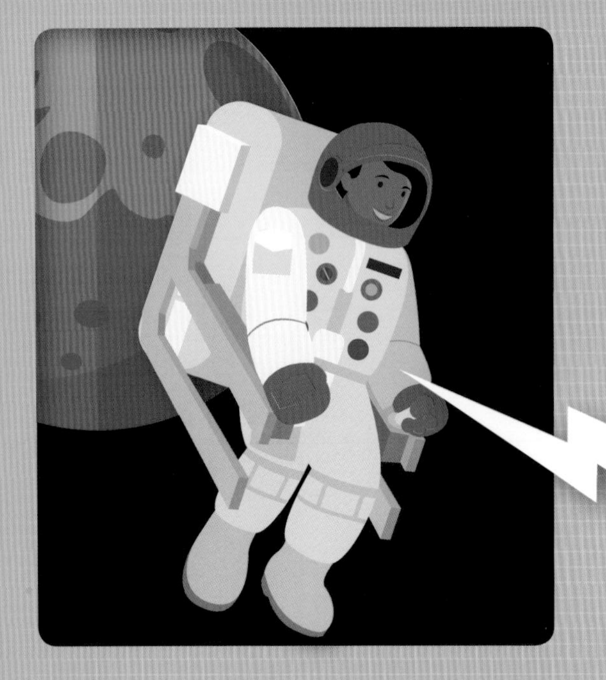

火星的旅行指南

造訪火星的計畫已經展開。火星跟地球有很多共同點：同樣有四季、相似的日長和水冰，但它也是一個無空氣的世界，而且有極端的溫度。你以為這只是看看風景的短暫小旅行嗎？這是不可能的——記得在停留火星期間準備回程的燃料！

登陸

就算只是在火星上短暫生活，你也需要大量的物資，包括氧氣、食物和水。但是要在火星表面放下這麼重的負載並不容易。你需要使用某種空中吊車（參考第62-63頁），以避免太空船在火星的大氣層中燃燒起來，同時記得放慢你的速度，才能防止毀機著陸的意外發生。如果以子彈10倍的速度著陸，人類很有可能會撞傷！

你需要

- ✓ 有空中吊車的長程太空船
- ✓ 具備防輻射功能的太空衣
- ✓ 停留期間足夠的食物、氧氣和水
- ✓ 強光手電筒

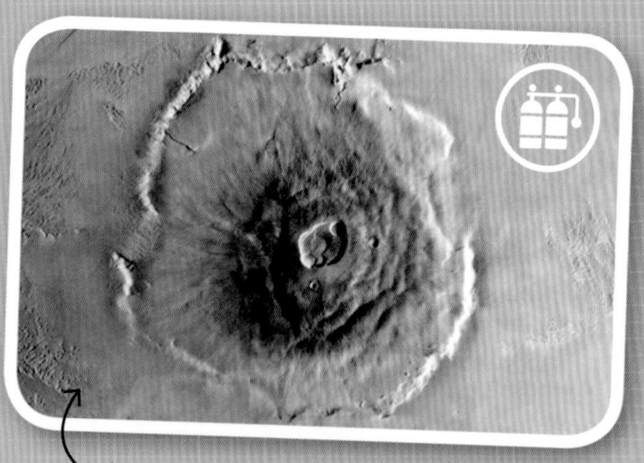

從空中鳥瞰奧林帕斯山。

表面

火星塵土飛揚，鐵鏽般的紅色表面，跟風景優美的地球相差了十萬八千里。你會發現這不是一個對人類特別友善的地方。火星表面的溫度波動很大，從夜晚的-140°C到白天的30°C。而且火星也沒有氧氣——大氣由95.3%的二氧化碳構成，人類是無法呼吸的。這兩個因素都意味著你需要太空衣才能在火星上生存——在戶外時永遠不要脫掉太空衣！

探索

火星上的重力大約是地球上的38%。你會感覺更輕盈，能夠承受更重的負載，並跳躍更長的距離，所以你沒有任何藉口，不去攀登火星必遊景點之一：奧林帕斯山（Olympus Mons）是目前已知的太陽系最高的火山，高度有22公里，幾乎是地球上最高山聖母峰的三倍。火星每26個月才有一次夏季，但風暴會將細塵吹入大氣層，使火星每天看起來都像黃昏，這種狀況會持續好幾個月。記得帶手電筒！

藝術家想像圖：火星殖民者。

火星資料檔案

溫度

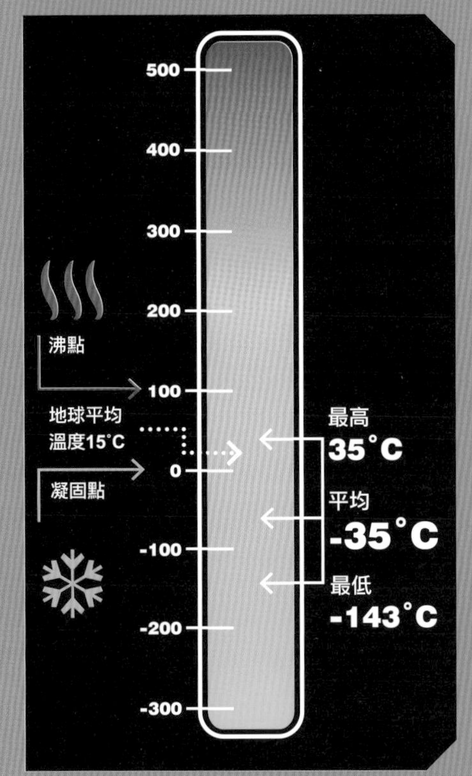

大小

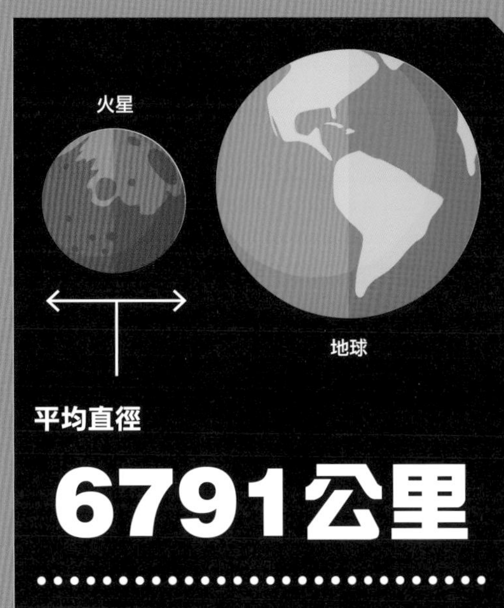

平均直徑

6791公里

衛星：

2 個

火衛一佛勃斯（Phobos）

火衛二戴摩斯（Deimos）

速度

每秒24公里

火星繞太陽公轉的速度，每秒比地球慢約5公里——行星距離太陽愈遠，移動的速度愈慢。

地球：每秒30公里

日曆

一天的長度

24小時37分鐘

一年的長度

687天

表面特徵

大氣層：

火星的大氣層比地球稀薄——實際上稀薄了100倍。火星的引力較小，因此很多氣體會流入太空中。雖然白天的最高溫度聽起來跟地球差不多，但最低溫度要冷得多，有時天空還會掉下二氧化碳雪或「乾冰」。

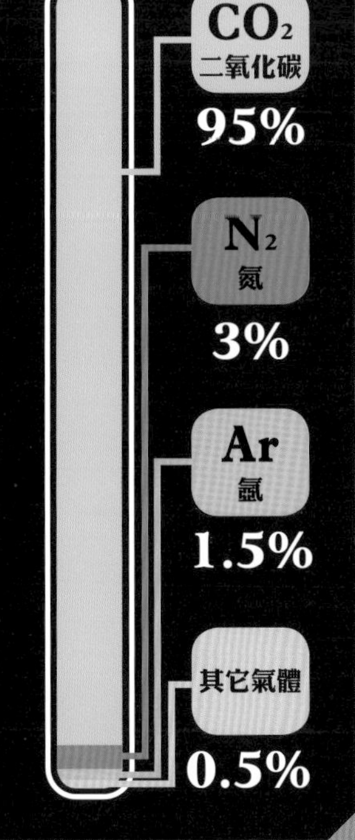

重力：

地球

X 0.38倍

如果你在地球的體重是70公斤（第11），在火星上你的體重會是27公斤（第4）。

焦點

蛇行風暴

迴旋的塵埃高塔綿延數百公尺，吹襲著火星表面。風暴強度可能高達地球龍捲風的十倍，而且會將能見度降為零。

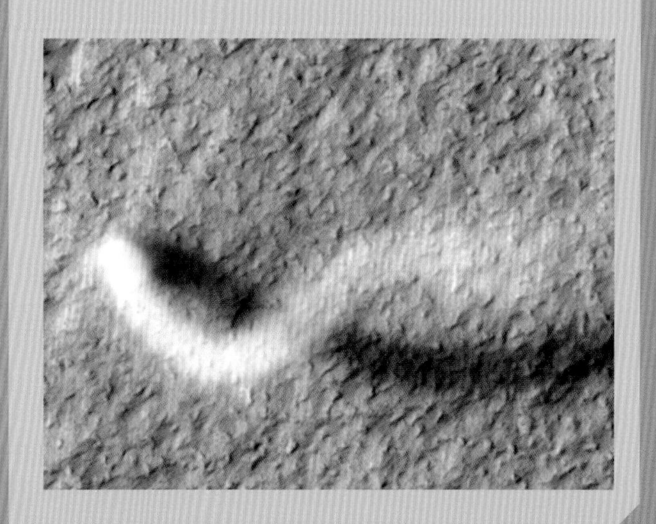

木星

木星是目前太陽系中最大的行星，比其他行星加起來的兩倍還多。這個氣態巨行星內部，可以裝進超過1,300個地球。木星的外部條紋是氨雲，氨雲會從氫和氦組成的大氣層飄過。

過去有些科學家認為木星的核心就像濃稠的**沸騰泥漿**，現在科學家則認為木星有一個很大的固體核心。

航海家1號於1979年2月27日捕捉到的木星全彩影像。

木星很熱：科學家認為木星的核心溫度大約**24,000°C**。

飛掠

1973年，先鋒10號太空船穿過小行星帶，進入木星130,000公里範圍內，並將500張木星的照片傳回地球——這是我們見過的首批木星特寫照片。之後先鋒11號、航海家1號和2號，以及新視野號都完成了飛掠，並在偉大的太陽系之旅中，傳回經過木星時所拍攝的照片。這些照片令人驚嘆，顯示木星自己就像個迷你太陽系，擁有至少79顆衛星。

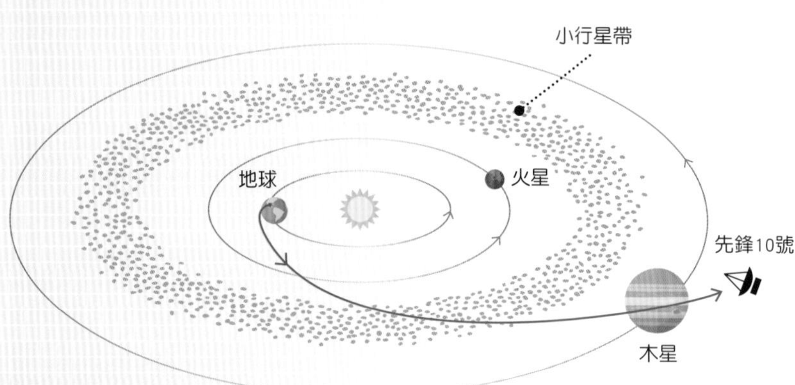

先鋒10號穿過小行星帶到達木星的路徑。

木星系統軌道器

太空船飛掠木星時觀察到木星的輻射強度夠低，所以才能進入木星軌道。1989年，伽利略號太空船從地球發射，1995年抵達了這顆氣態巨行星，並花了兩年時間觀察木星和它的衛星，然後故意將探測器撞向木星。在承受激烈壓力和溫度而爆炸之前，探測器仍傳回了將近一小時的數據。

飛近木星的太空船捕捉到的木星環影像，比土星環黯淡許多。

新的軌道器

2011年，NASA向木星發射了最新的太空船：朱諾號。朱諾號在2016年抵達後，便進入了環繞木星的橢圓軌道，原本距離木星表面800萬公里，進入軌道後便縮短為4,000公里。在軌道上，朱諾號使用高科技儀器測量木星的組成和重力場，並收集數據以探索木星的起源。朱諾號的相機傳回了我們所見過最好的木星照片。

四顆外行星全部都有行星環。木星的**行星環系統**由塵埃所組成，塵埃則是**流星體撞擊**木星四顆內部小衛星所造成。

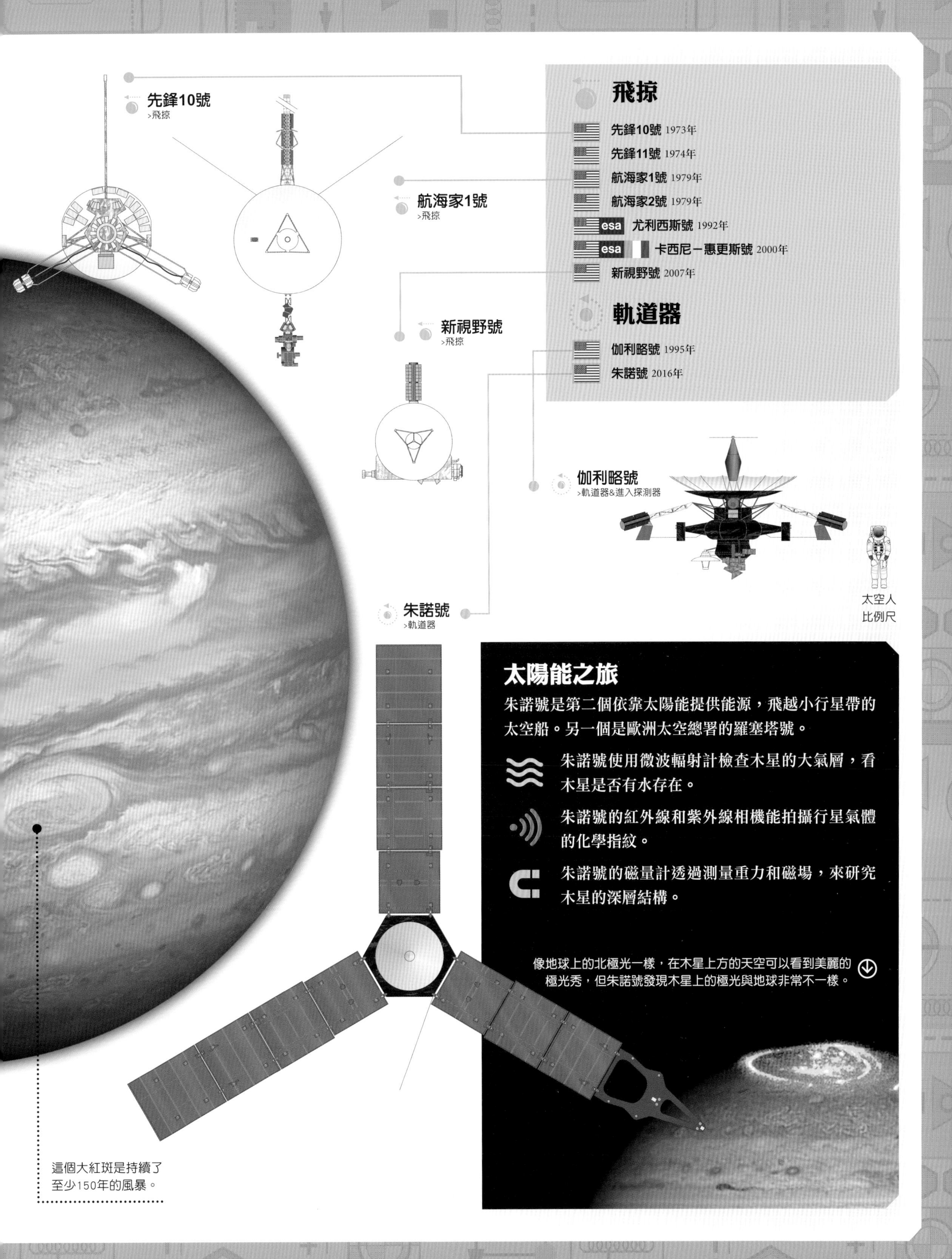

太陽能之旅

朱諾號是第二個依靠太陽能提供能源，飛越小行星帶的太空船。另一個是歐洲太空總署的羅塞塔號。

朱諾號使用微波輻射計檢查木星的大氣層，看木星是否有水存在。

朱諾號的紅外線和紫外線相機能拍攝行星氣體的化學指紋。

朱諾號的磁量計透過測量重力和磁場，來研究木星的深層結構。

探索木星：伽利略號

伽利略號這次任務有許多第一次。第一個造訪小行星的太空船，第一個觀察到彗星與行星相撞，第一個進入木星和其衛星的軌道，甚至是第一個掉入木星的太空船。為了避免和衛星歐羅巴相撞，伽利略號刻意墜毀在木星上。

伽利略號規格說明

高度：5.3公尺

重量：2,233公斤

電源：兩塊7.8公斤的鈽

發射日期：1989年10月18日，從亞特蘭提斯號太空梭發射。

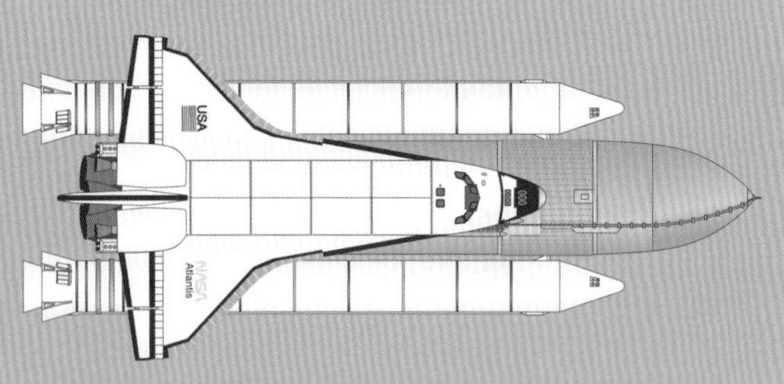

任務說明

航程距離：46億公里

木星軌道繞行次數：34

投入任務人數：800+

任務期間：14年

終止時間：2003年9月21日

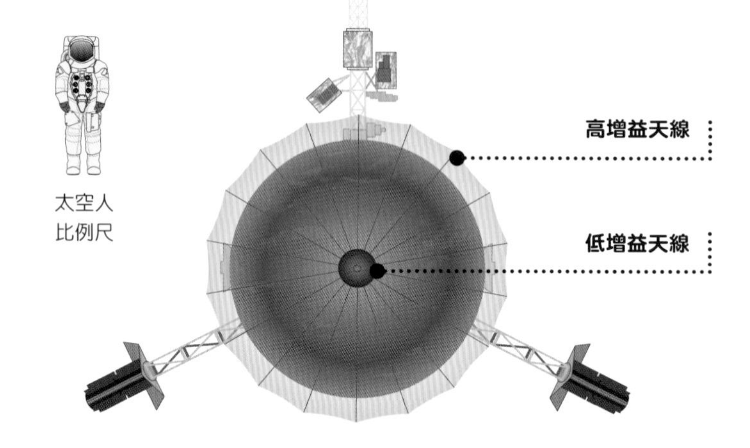

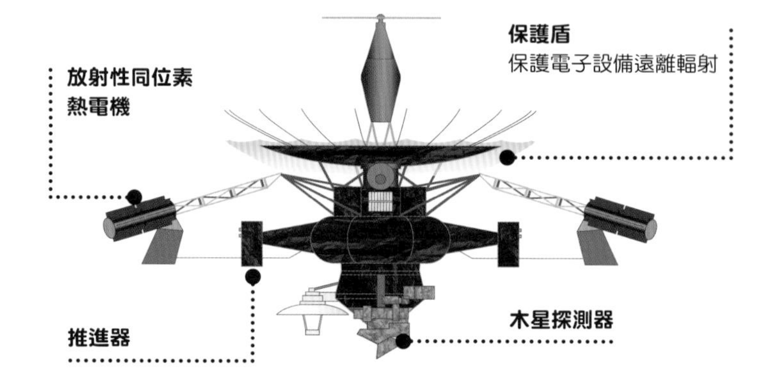

進入探測器

1995年7月，伽利略號朝木星的雲頂發射「進入探測器」。探測器花了五個月的時間到達木星的大氣層，但不到一個小時就被摧毀了。隔熱罩在剛開始的幾分鐘保護了探測器，之後探測器掉落、降落傘打開。探測器發送了58分鐘的無線電訊號，然後被木星的巨大壓力和約13,700°C的高溫打敗了。

外殼

探測器

隔熱罩

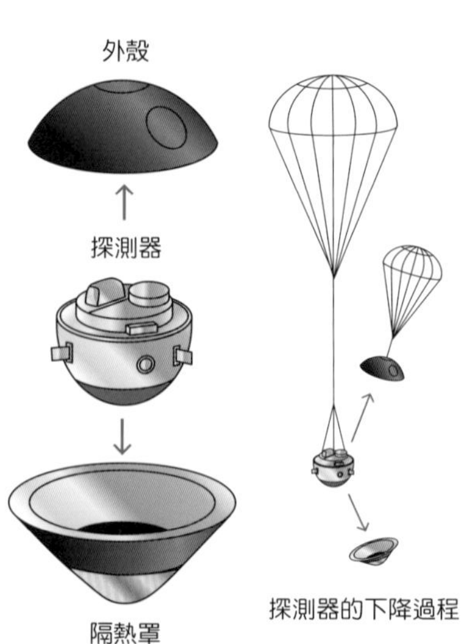

探測器的下降過程

彗星的死亡

1994年，一顆名為舒梅克－李維9號（Shoemaker-Levy 9）的彗星和木星相撞時，伽利略號距離木星只有2.38億公里。2公里寬的彗星被木星的潮汐力量撕裂，分裂成23塊碎片。7月16日到22日，這些碎片以每秒約60公里的速度向地面墜落，並以大約相當於3億枚原子彈的力量撞上木星。其中一塊碎片被命名為「碎片G」（Fragment G），在木星表面上留下了一條延伸12,000公里的裂痕。

從圖片中可以看到：一塊彗星碎片撞擊木星的結果。

漫長的旅程

為了獲得足夠的速度到達木星，伽利略號必須借助其他行星的能量，進行重力助推或重力彈弓效應。伽利略號完成了一次飛掠金星和兩次飛掠地球，將自己彈到了木星。

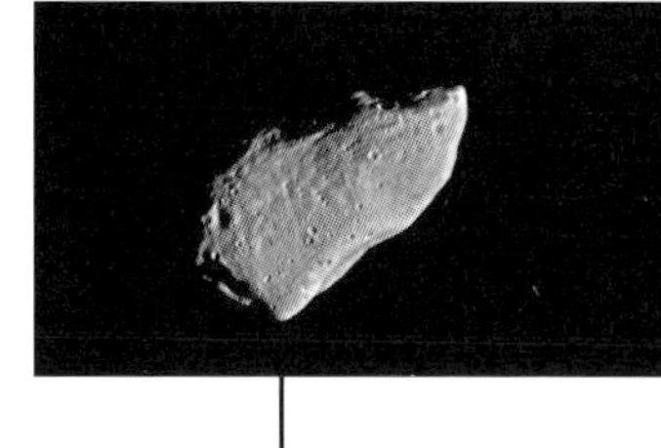

艾達

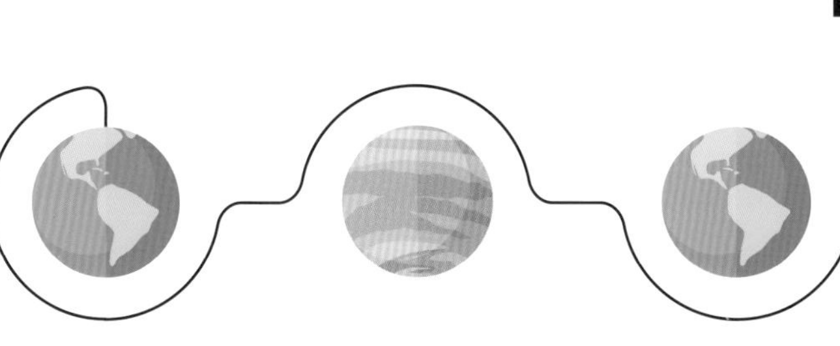

1991年10月29日
飛掠小行星加斯普拉

1992年12月8日
飛掠地球

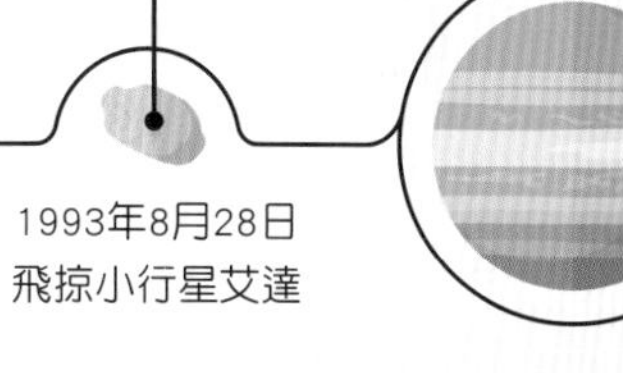

木星的衛星

伽利略號在通過木星的四顆最大衛星：木衛三甘尼米德（Ganymede）、木衛四卡利斯多（Callisto）、木衛一埃歐（Io）和木衛二歐羅巴（Europa）時，有了驚人的發現。它發現冰冷的木衛二歐羅巴有一個地下海洋，海洋擁有比地球更多的水；木衛三甘尼米德有自己的磁場；木衛四卡利斯多也有水，和充滿氧氣的外氣層；最特別的是木衛一埃歐，有400座活火山，正不斷噴發物質直達數百公里遠的太空。

木衛一埃歐上的火山煙流有140公里高。

木衛三甘尼米德

木衛一埃歐

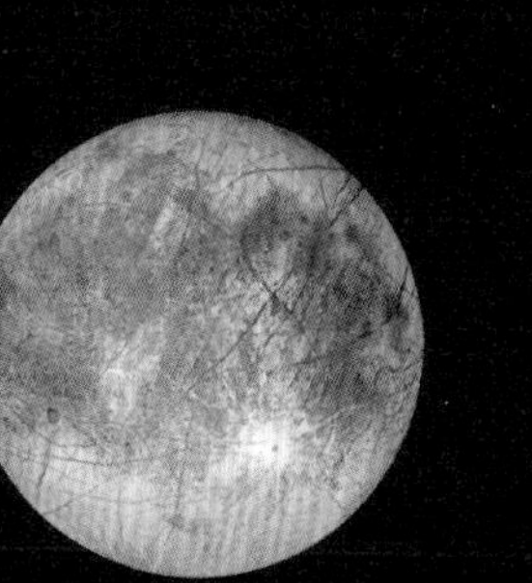

木衛二歐羅巴

木衛四卡利斯多

木星的旅行指南

木星是顆氣態巨行星。太空船進入木星大氣層的一個小時內，就會因為極端的壓力和溫度被壓碎和蒸發。你可以飛掠來看看木星的景觀，但是記得留在附近的衛星上。

登陸

木衛二歐羅巴是距離木星最近的衛星，也是天文學家和科學家熱衷研究的對象，因為伽利略號太空船在那裡發現了巨大海洋的證據，有些人認為水裡很有可能包含簡單形式的外星生命。然而，水也隱藏在覆蓋著衛星的厚冰殼15～25公里之下。這是好消息也是壞消息。一方面，冰層太厚不會被重型登陸器壓垮而破裂；但另一方面，要鑽透冰層來探索海洋也很困難。

你需要

- ✔ 月球登陸器
- ✔ 氧氣、食物和水
- ✔ 溫暖的太空衣，有加強防護和發熱內衣。

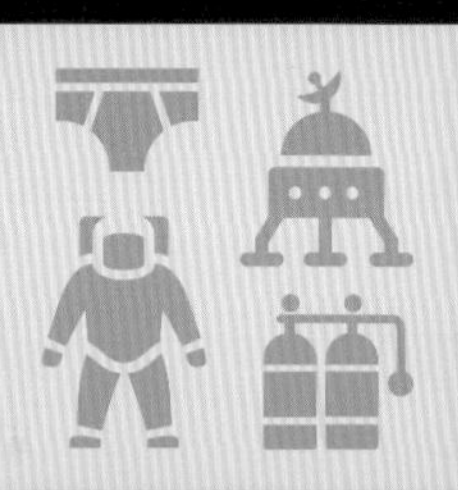

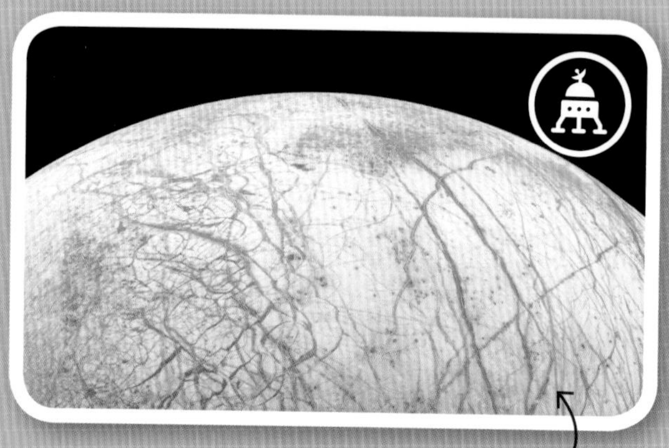

可以嘗試登陸距離木星最近的衛星歐羅巴。

表面

歐羅巴的白色結冰表面縱橫交錯，充滿裂縫和褐色斑點。裂縫可能長達數千公里、寬1～2公里，因此請留意你腳下所踩的地方。有類似間歇泉的奇特羽狀噴流會向太空噴發好幾公里。雖然不知道水是否溫暖，但可以確定水是鹹的，如果你被噴流的水噴到，太空衣上的儀器會受到影響，因此拍攝照片時最好保持安全距離。在歐羅巴非常稀薄的大氣層中有一些氧氣，但不足以提供呼吸，所以記得隨時穿好太空衣。

探索

你需要隔熱良好、有加熱系統的太空衣，才能承受歐羅巴介於-160°C和-220°C的溫度，還必須有個特別防護以對抗放射性粒子。其他需要特別注意的危險還有地震和隕石。歐羅巴必看的地標是混沌地形，在只剩下約地球13%的重力下，你可以輕鬆步行前往參觀。冰層分裂成雜亂的巨大塊狀，有些高度可達1公里。

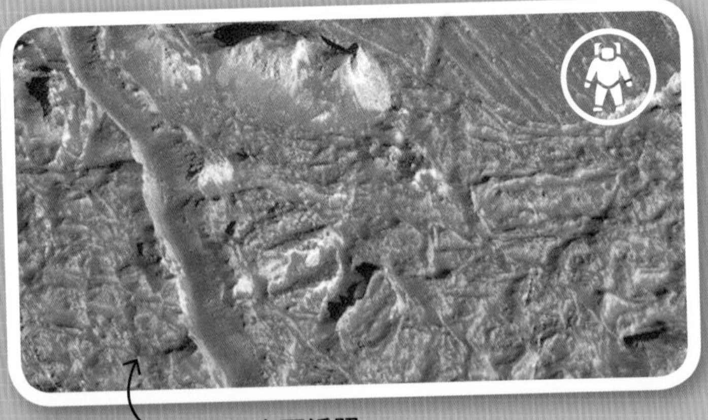

歐羅巴表面近照。

木星資料檔案

與太陽的平均距離爲7.78億公里

太陽

水星

金星

地球

火星

木星

土星

天王星

海王星

大小和距離未按比例繪製

溫度

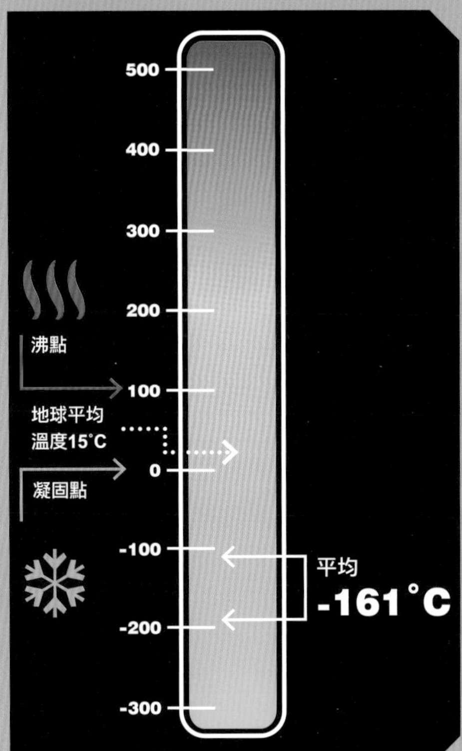

大小

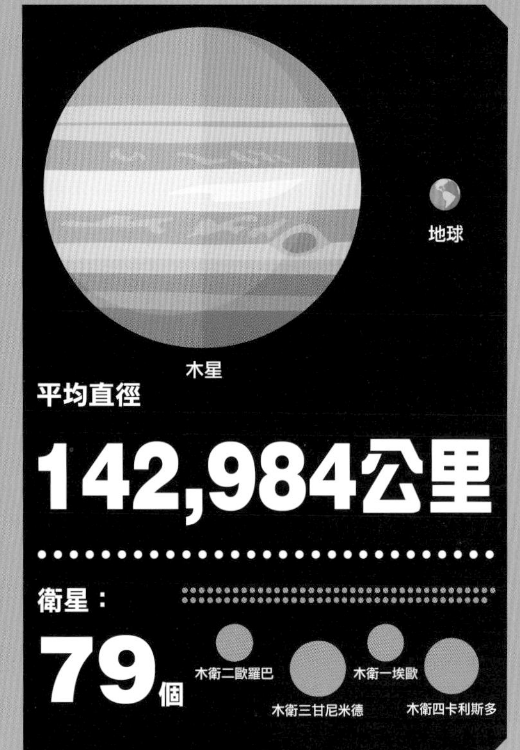

平均直徑

142,984公里

衛星：

79個

木衛二歐羅巴　木衛三甘尼米德　木衛一埃歐　木衛四卡利斯多

速度

每秒13公里

儘管木星的速度比地球慢，它每小時仍移動超過47,000公里。

地球：每秒30公里

日曆

一天的長度

9小時55分鐘

一年的長度

12個地球年

表面特徵

大氣層：

有三層雲霧環繞著木星。我們不確定它們的確切組成，但是最接近木星的雲層看起來像是由水、冰組成，被一層氫硫化銨包圍，最後一層則是氨冰晶。

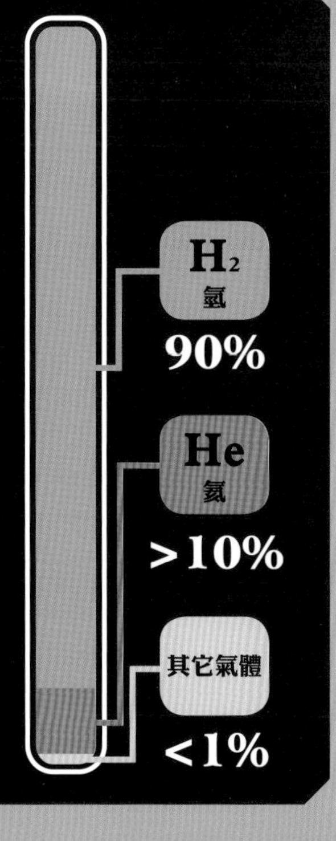

重力：

地球

X 2.53倍

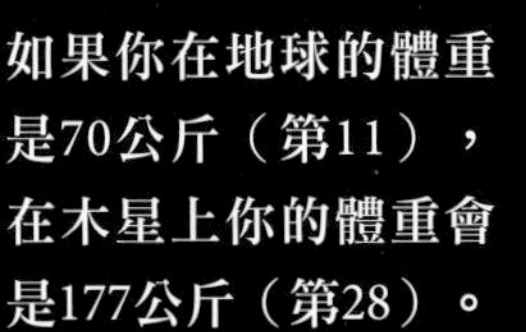

如果你在地球的體重是70公斤（第11），在木星上你的體重會是177公斤（第28）。

焦點

世紀風暴

木星最知名的特徵是它的大紅斑（Red Spot），事實上，這是比地球大上兩倍的巨大風暴。這場風暴已經持續了數百年，包含每小時高達680公里的風速。

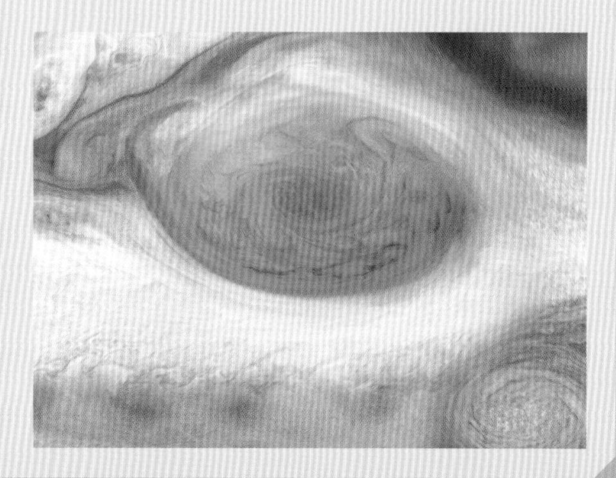

土星

伽利略・伽利萊於1610年發現**土星環**，當時他是用**望遠鏡**觀察到的。

土星是顆氣態巨行星，被閃閃發光的冰粒土星環環繞，彷彿太陽系的寶石。這是一顆有暴風吹襲的狂野星球，極端的大氣甚至會把煙灰變成鑽石。土星對人類不懷好意，但是有超過62顆衛星繞著這顆恆星的軌道運行，其中有些衛星可能含有生命的成分。

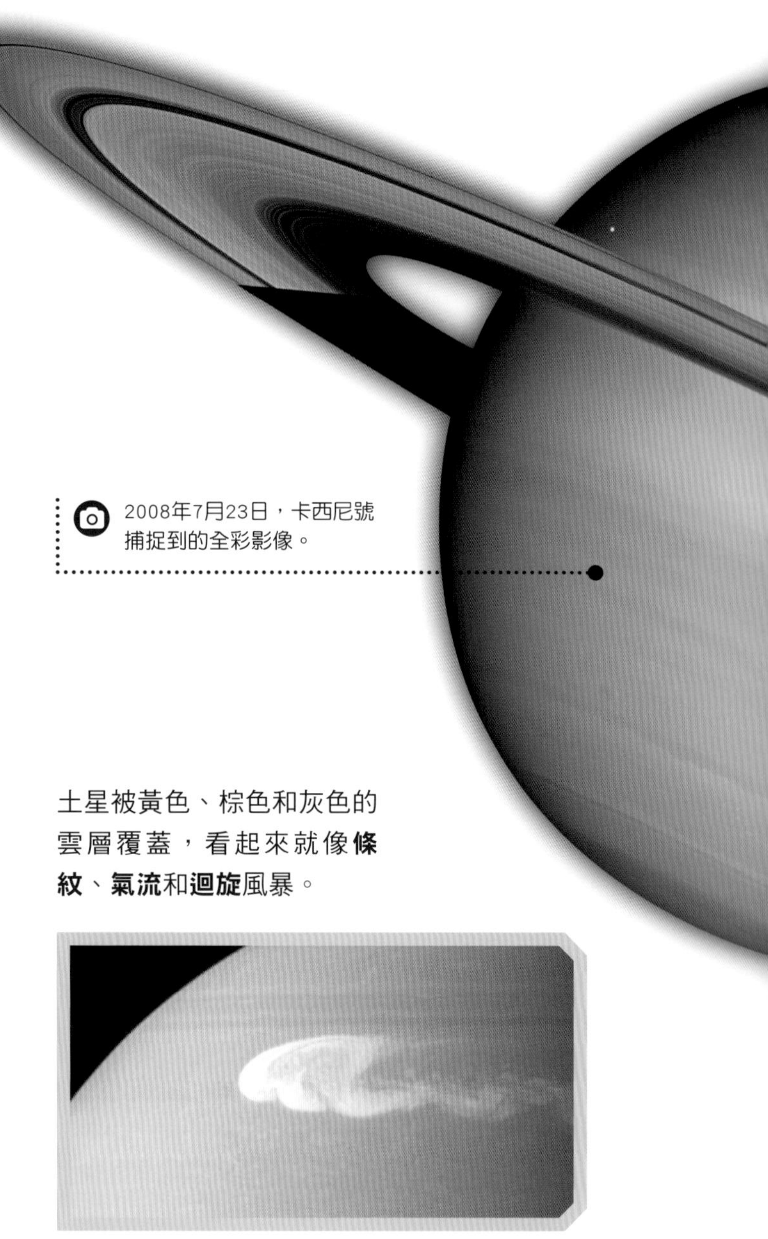

2008年7月23日，卡西尼號捕捉到的全彩影像。

先鋒號

當伽利略在1610年首次將望遠鏡對準土星時，他說這顆行星好像有「耳朵」。後來的天文學家把這些耳朵想像成固體的圓環或完整的圓盤。直到1979年，先鋒11號太空船才傳回土星的第一批特寫照片。照片中顯示有好幾個土星環，其中一些土星環還包含衛星在內。根據報告，土星本身是一個極為寒冷的星球，平均溫度為-180°C，主要由氫組成。

從先鋒11號看到的土星和泰坦星（照片右下方）。

土星被黃色、棕色和灰色的雲層覆蓋，看起來就像**條紋**、**氣流**和**迴旋**風暴。

土星的北方風暴。這是航海家或卡西尼號觀測到最大的一次。

航海家1號

1980年，航海家1號有了驚人的發現。它發現土星環內有三顆新的衛星，其中兩顆是牧羊犬衛星（Shepherd Moon）：這意味著它們的引力讓一些土星環能保持在正確的位置。這些土星環後來證實是由大塊的冰組成——有些小如雪花，有些則大的像房子。土星的62顆衛星中也有許多是由冰組成的，但航海家1號注意到有一個例外，那就是岩質行星大小的衛星：泰坦。

航海家2號

1981年，航海家2號發現有一場大風暴正肆虐土星的北極，規模是地球的四倍。2017年，勞倫斯利佛摩國家實驗室發現，液態氦的液滴會通過土星充滿氫氣的核心。當液滴減速時，動能會轉化為熱能，這是土星能量的來源，也是引起猛烈風暴的原因。

土星主要由**氣體**組成，擁有太陽系已知天體的最低密度。如果找到一個裝得下土星的浴缸，土星會**漂浮在裝滿水的浴缸裡**。

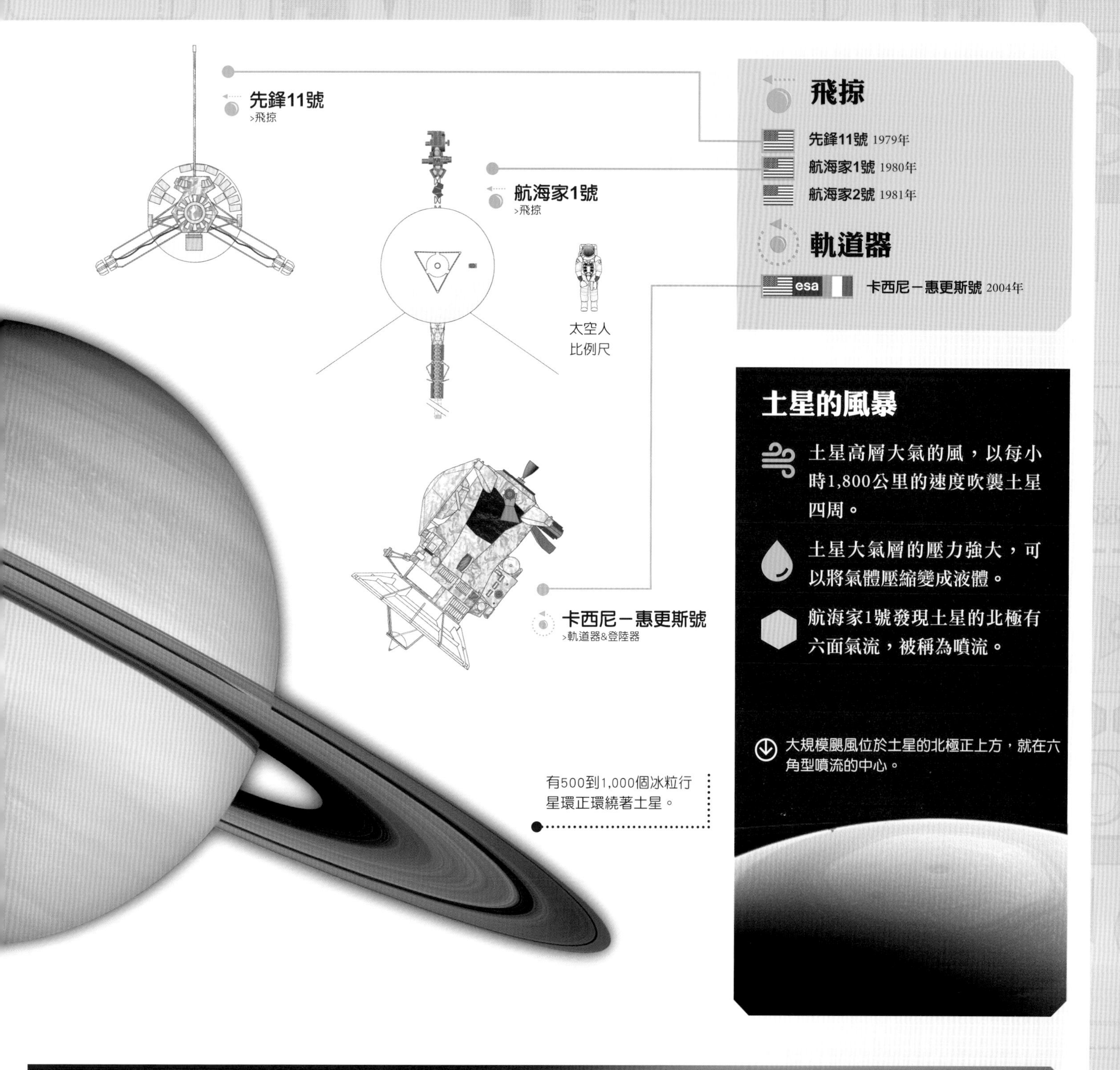

飛掠

先鋒11號 1979年

航海家1號 1980年

航海家2號 1981年

軌道器

卡西尼－惠更斯號 2004年

土星的風暴

土星高層大氣的風，以每小時1,800公里的速度吹襲土星四周。

土星大氣層的壓力強大，可以將氣體壓縮變成液體。

航海家1號發現土星的北極有六面氣流，被稱為噴流。

大規模颶風位於土星的北極正上方，就在六角型噴流的中心。

土星環

土星有七個主要的行星環，它們之間保有一定的距離。土星環依照發現的順序，以字母命名，而從距離木星最近的逐次向外，分別是D、C、B、A、F、G和E。「牧羊犬」衛星讓F環的塵埃和冰粒待在原地不會亂跑。

探索土星：
卡西尼－惠更斯號

卡西尼－惠更斯號（Cassini-Huygens）是十分具有野心且複雜的任務，於1997年發射，是當時所建造規模最大的無人太空船，它花了13年調查土星，並讓惠更斯號探測器降落在土星最大的衛星泰坦上。這顆衛星帶給人類無窮希望：它有大氣、有液體的證據，或許也有生命的基本要素。

卡西尼號太空船

惠更斯號探測器

太空人
比例尺

下降

惠更斯號探測器經過6.7年的星系際沉睡後，從卡西尼號太空船發射，飛行了三個星期、400萬公里後，才到達泰坦星並降落。以下是它著陸的順序。

1 2005年1月14日，重達318公斤的探測器，從泰坦星表面上方1,270公里處開始下降，之後進入了大氣層。

2 抵達大氣層後，爆炸螺栓把探測器的後蓋炸飛。

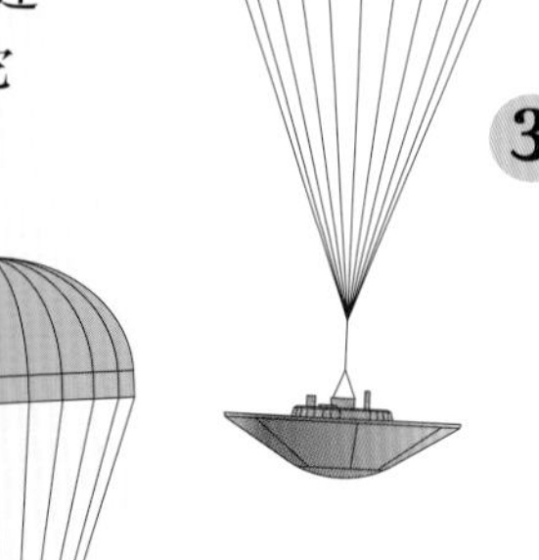

3 發射導傘，利用導傘將主傘拉出來。

4 前置屏蔽從探測器分離。

5 拋棄主傘，使用穩定傘。

6 惠更斯號降落，降落傘消氣後掉落一旁。

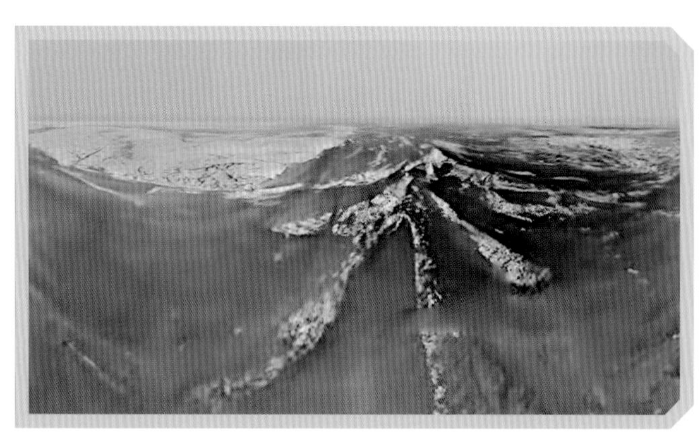

2005年1月14日，惠更斯號探測器下降時，拍攝的泰坦星表面照片。

惠更斯號登陸

惠更斯號利用降落傘降落在泰坦星時，傳回了表面的照片。正如卡西尼號飛掠時首次發現的那樣，照片上顯示了一個由液體形成的世界，包括氾濫平原和河床，之後惠更斯號還拍攝到大塊冰岩。泰坦星天氣嚴寒：惠更斯號的儀器顯示表面溫度為-180°C，這個溫度肯定足以讓水結凍，經過了70分鐘，探測器的電池就沒電了。泰坦星上存在的液體後來研究發現是乙烷和甲烷。

泰坦星上發現的眾多液態甲烷和乙烷湖泊之一。

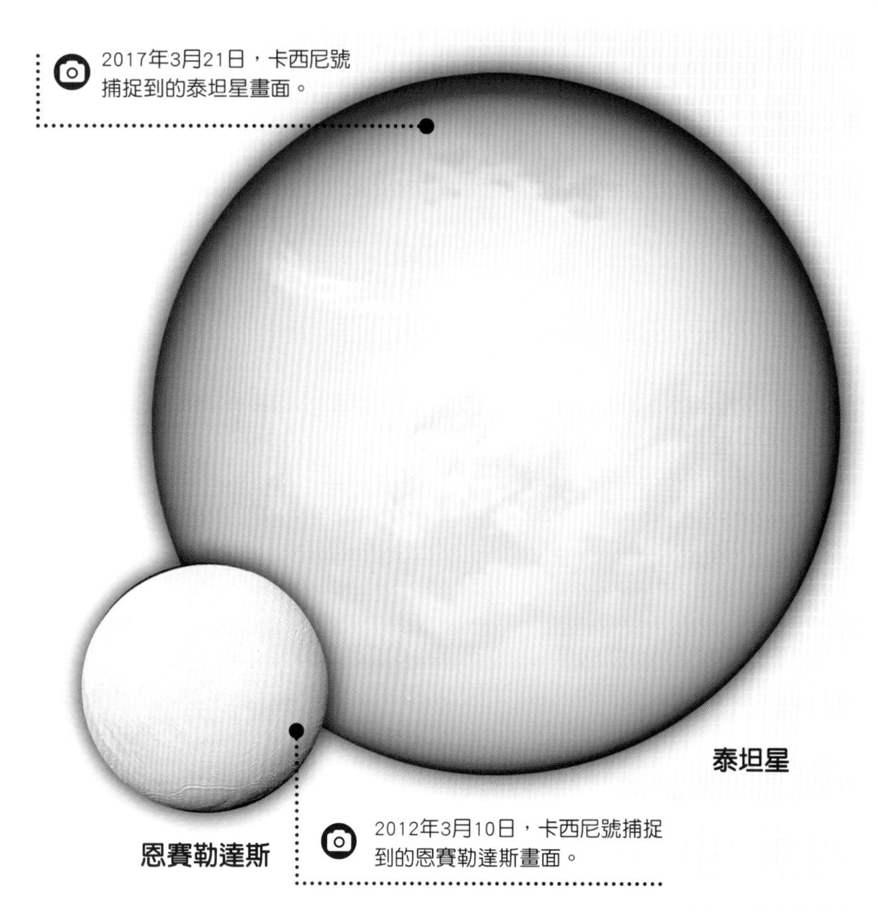
2017年3月21日，卡西尼號
捕捉到的泰坦星畫面。
泰坦星
恩賽勒達斯
2012年3月10日，卡西尼號捕捉
到的恩賽勒達斯畫面。

衛星上的生命

雖然惠更斯號已停止運作，但卡西尼號仍在軌道上運行，並記錄著土衛六泰坦星的訊息。泰坦星上有液態甲烷和乙烷的巨大湖泊，被固體水冰形成的山脈所包圍，並且發現了可能形成複合氨基酸的分子，而氨基酸能孕育出生命。大約35億年後，太陽會膨脹並變得更熱，這將使地球上的生命滅絕，但會使泰坦星這樣遙遠的地方變得溫暖。誰知道到時候泰坦星會孕育出什麼生命呢？

卡西尼號拍攝：恩賽勒達斯的南極全景。

神祕的土衛二：恩賽勒達斯

卡西尼號在土星的衛星上有了更多發現。土衛二恩賽勒達斯（Enceladus）位於土星環的外緣，是顆結冰的衛星，比地球小25倍。恩賽勒達斯有許多裂隙，使它成為太陽系中最反光的天體，但是在結冰的表面之下，這顆衛星隱藏著一個祕密。液態海洋的海底熱泉，會噴射出超過20公里的羽狀噴流進入太空。海底熱泉可能是地球40億年前生命最初開始的地方，所以恩賽勒達斯可能已有某種簡單的微生物形式存在。

爆炸的星球

卡西尼號對土衛二恩賽勒達斯的觀察引發了明顯的疑問。是什麼在加熱衛星的核心？科學家認為這可能是另一個更大的衛星土衛四狄俄涅（Dione）跟土星本身之間的引力造成的*。土星的重力太強大，很久以前可能撕裂了一顆太靠近土星的冰封衛星，碎裂的冰塊則繼續形成我們今天看到的土星環。

（*註：引力所造成的「潮汐加熱」現象）

藝術家想像圖：從其中一個土星環內看過去的景觀。

土星的旅行指南

土星主要是由濃密的渦漩氣體和炙熱的液體組成，有個炙熱的固體核心。那是什麼意思？在你的想像中，飛過土星就像從雲中飛過一樣？事實上，極端溫度和壓力可能會壓碎、融化，然後蒸發太空船。如果你還是想試試看，那我也只能祝你好運！

穿過土星環

當你飛向土星時，首先會注意到的就是土星環。土星環很大，但是非常薄。主環向外延伸270,000公里，但是厚度只有100公尺。駕駛太空船時你必須小心地導航，穿過組成土星環的冰塊——有些大小和網球差不多，有些則跟穀倉一樣大。土星環之間最大的缺口被稱為卡西尼環縫（Cassini Division），約有4,800公里寬，瞄準那裡快速通過！

你需要

- 可承受高溫的耐壓太空衣。
- 一台相機，捕捉土星前所未見的景色。
- 遇到強烈氣流時，你可能會需要嘔吐袋。

藝術家想像圖：土星環之間的缺口。

前進核心

當溫度達到30,000°C時，閃電會將大氣中的甲烷氣體變成碳灰雲。大約下降1,500公里，壓力會讓碳灰變成石墨。在6,000公里處，壓力會讓煙灰變成鑽石，之後鑽石傾瀉至30,000公里的深度，就會變成液態鑽石雨滴。深入土星內部40,000公里處，情況更加嚴苛，超大的壓力讓土星的液態氫，都被壓縮成充滿氦氣的炙熱液體。

到達大氣層

當你穿過土星環後，飛行可能會很顛簸——在高層大氣中你會遇到強烈亂流。只有隔熱罩才能保護你免於起火燃燒。如果那時你還活著，當你撞上土星的雲時，太空船就會冷卻下來，溫度會下降到-170°C，照亮氨雲的閃電，其強度是地球的10,000倍。

土星上方的氨雲渦漩。

土星資料檔案

溫度

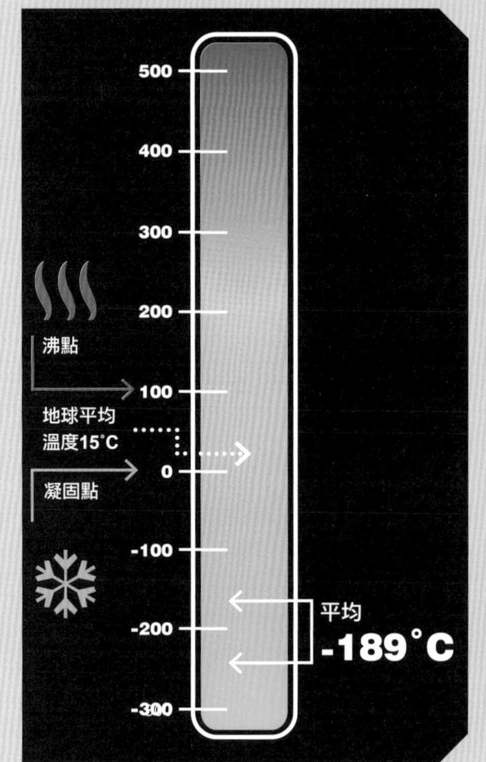

大小

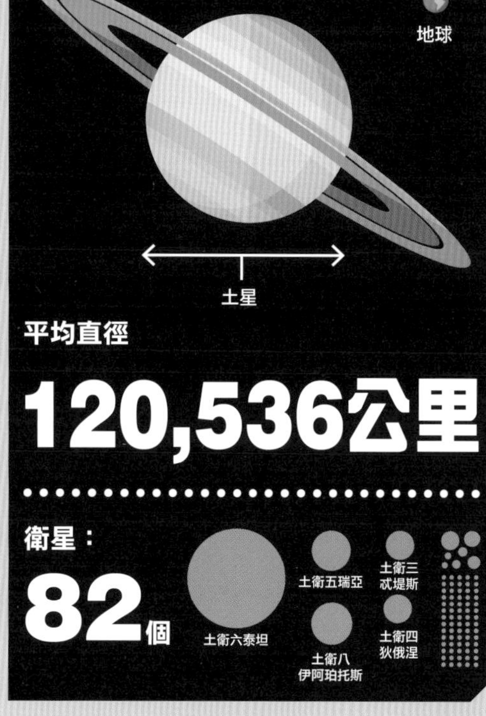

平均直徑

120,536公里

衛星：

82個

土衛六泰坦
土衛五瑞亞
土衛八伊阿珀托斯
土衛三忒堤斯
土衛四狄俄涅

速度

每秒10公里

土星是第三慢的行星，速度大約是地球的三分之一，但它繞太陽公轉的距離比地球長很多。

地球：每秒30公里

日曆

一天的長度

10小時34分鐘

一年的長度

29個地球年

表面特徵

大氣層：

土星有氫、氦、甲烷和氨所組成的濃厚大氣層，氣體以每秒500公尺的颶風般速度吹襲，比地球上最強的風還要強勁約4.5倍。

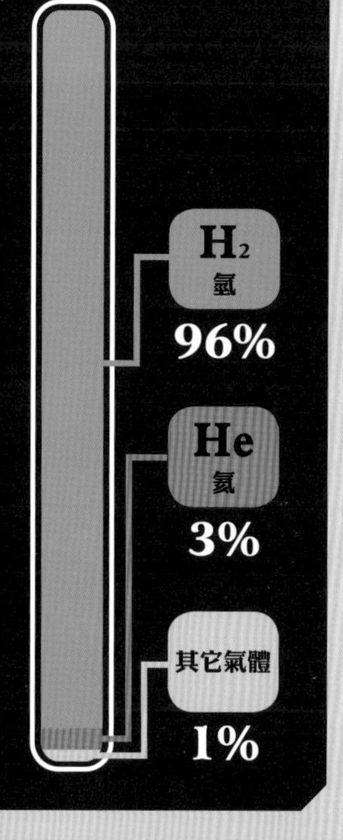

重力：

地球

X 1.07倍

如果你在地球的體重是70公斤（第11），在土星上你的體重會是75公斤（第12）。

焦點

很多衛星

土星有82顆已知的衛星和無數顆較小的衛星。衛星的大小不一，從不規則的塊狀岩石，例如土衛五十三埃該翁（Aegaeo），到行星大小的衛星，例如土衛六泰坦。土衛一彌瑪斯（Mimas，如下圖）吸引了無數科幻小說迷的關注，因為它與《星際大戰》中的死星非常相似。

天王星和海王星

在太陽系遙遠而冰冷的邊緣，天王星和海王星像巨大的藍色大理石一樣懸掛在太空，很難想像它們有多遙遠。它們距離我們不只數百萬公里，而是數十億公里的距離。來自地球的太空船曾造訪過它們的只有一個：航海家2號。

天王星

1986年1月14日，航海家2號捕捉到的影像。

發現巨行星

1781年天文學家威廉・赫雪爾發現了天王星，是自古以來第一個發現的行星。天王星看起來像一個會發光的碟子，因此威廉・赫雪爾原本以為它是顆彗星。直到天王星的軌道經過計算之後，人們才意識到赫雪爾發現了一顆新的行星。天王星原本被認為是太陽系中最遙遠的行星，直到1846年才天文學家奧本・勒維耶（Urbain Le Verrier）和約翰・伽勒（Johann Galle）發現有顆跟天王星差不多大小的行星，這顆行星距離更遠，超過100萬公里，它是海王星。

航海家2號於1977年8月20日發射，而航海家1號則於同年的9月5日發射。命名的規則是以到達目標星球的順序而定。

航海家2號

任何飛行器要從地球出發到達天王星，需要經歷至少26億公里的太空旅程。1986年，深空探測器航海家2號終於靠近了天王星。然而，航海家2號以每秒17公里的速度航行，而且以火箭般的速度通過，因此只有六個小時的時間可以觀察天王星。航海家傳回的數據不太令人印象深刻：天王星是顆沒什麼特徵的藍色星球，平均溫度-231°C。

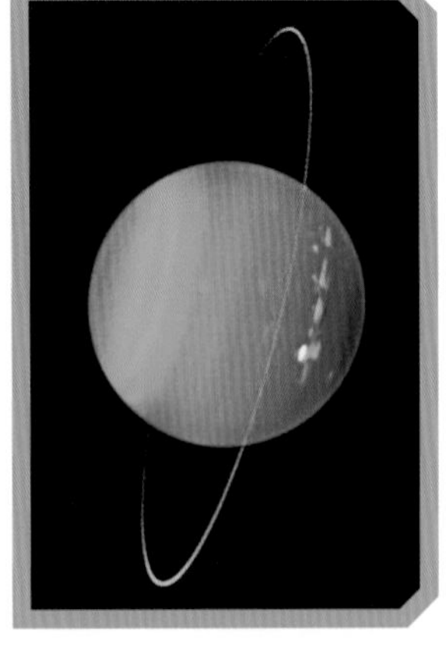

與太陽系中其他行星不同，天王星是**朝向一邊**旋轉的。可能的原因是，一個**地球大小的天體**跟天王星發生了碰撞。

海王星

航海家2號又花了近四年的時間才到達海王星。探測器發現海王星是另一顆藍色星球，大氣層中有黑斑和白色的甲烷雲。圍繞著海王星的雲層，被超過2,000公里的風速吹襲——這是太陽系中最快的風速記錄。黑斑也代表著颶風般的巨大風暴正席捲整個星球表面。

天王星專屬，所有衛星都以**莎士比亞筆下的人物**命名。唯一的例外是**天衛二烏姆柏里厄爾（Umbriel）**，它是以亞歷山大・波普（Alexander Pope）詩中的角色命名。

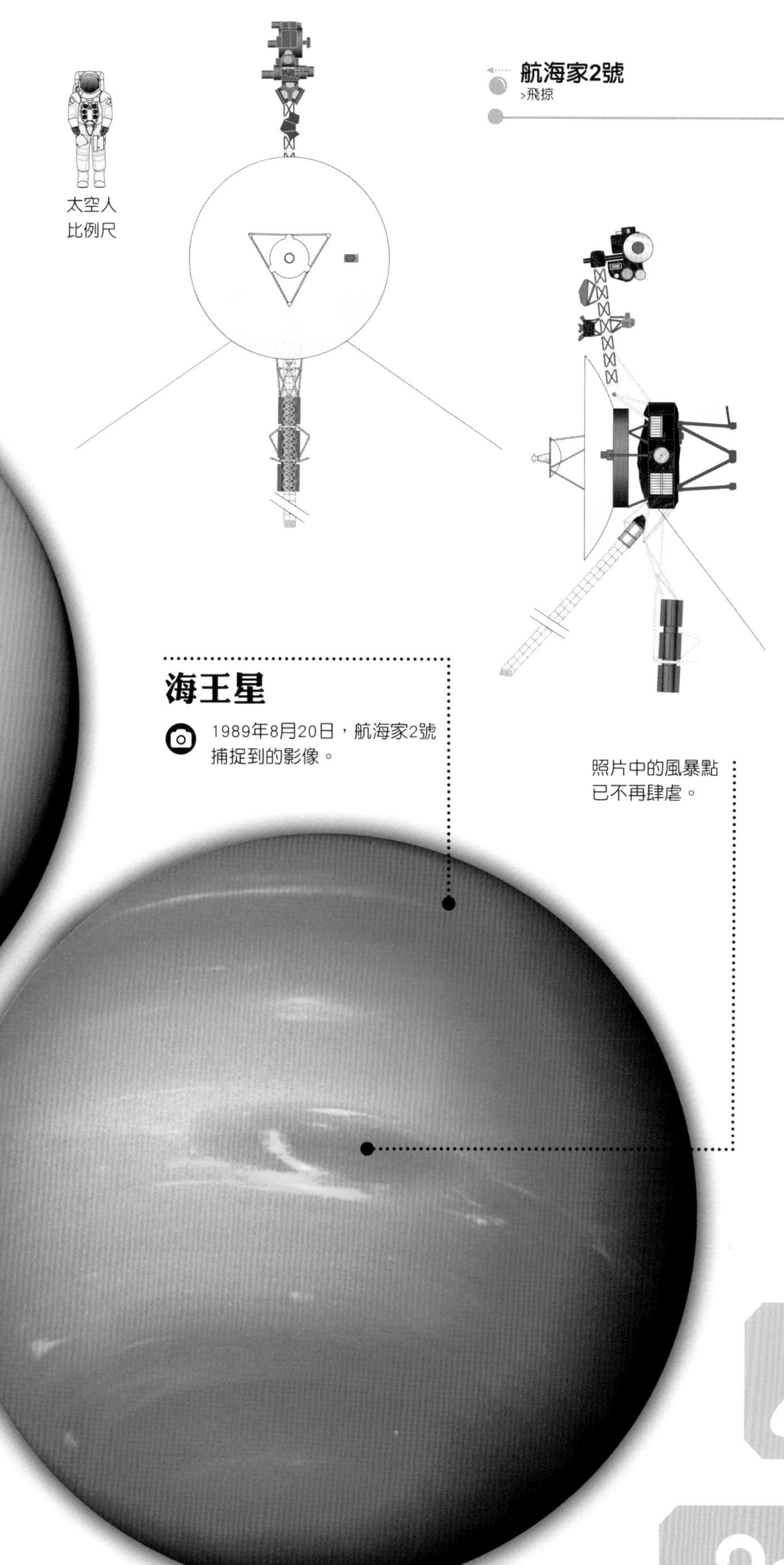

海王星

1989年8月20日，航海家2號捕捉到的影像。

飛掠

航海家2號 1986年（天王星）

航海家2號 1989年（海王星）

航海家的特寫

航海家2號與天王星和海王星最近的距離：

⟷ 距離天王星的雲頂81,500公里

⟷ 距離海王星的北極4,950公里

航海家的速度

每秒17公里

航海家2號在罕見的行星連珠（Planetary Alignment，幾顆行星連成一線或在某一區域）期間，飛往天王星和海王星，讓太空船可以利用重力彈弓效應，從一個星球彈到另一個星球，不需要使用大量的燃料。然而，儘管航海家2號以每秒17公里的速度航行，仍然需要花將近九年的時間才能到達天王星，再加上三年的時間才能到達海王星。如果是載人任務，則必須大幅縮短飛行時間，以減少旅途所需攜帶的用品。

研擬中的2075年海王星載人任務，建議速度必須達到每秒197.5公里。

1984年發現，海王星有**14顆衛星**和自己的**行星環系統**。

海王星接收到的陽光，比天王星少了一半，但是從**內部散發出的熱氣**讓海王星比較溫暖，相對地也引起許多**風暴**。

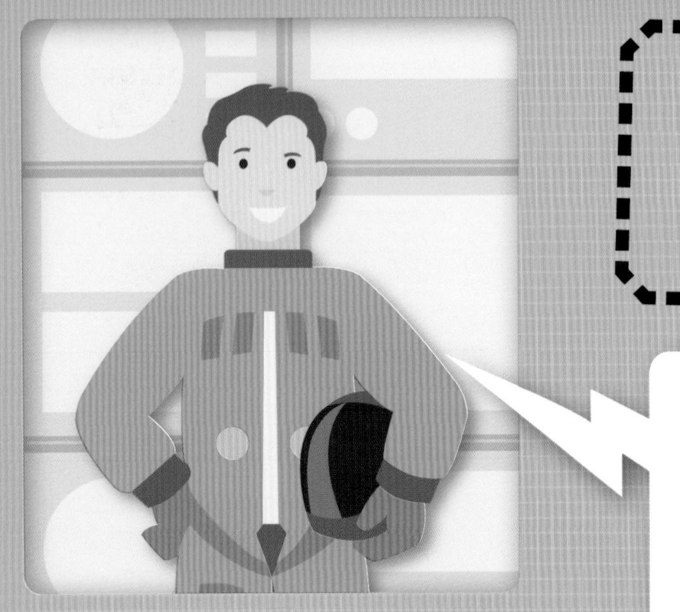

天王星和海王星的旅行指南

想要造訪天王星和海王星的旅客請注意：它們離我們很遠很遠。航海家2號造訪這兩個行星花了12年的時間。你需要大量的食物、氧氣和燃料才能往返這兩個星球，記得準備一艘大型太空船，才能載得下全部的行李。

天王星

前往氣態巨行星木星和土星的旅客，會對天王星的情況感到很熟悉。天王星的大氣層主要是由氫氣和氦氣組成，藍色部份則是由甲烷所形成。你可能想要找到一個可以降落的表面，但是因為天王星是一個氣體行星，所以不會有適合降落的地點，而且降落時你也會被每小時900公里的風速甩來甩去。天王星的溫度會下降至約-221°C，使它成為所有行星中最寒冷的，但主要問題還是毀滅性的壓力，會確確實實地把你壓扁。無論何時，這都是一趟緊張刺激的冒險旅程！

你需要

- 12年旅程所需的氧氣、食物、水，和火箭燃料，再加上回程。
- 可在強風中飛行的耐壓太空船。
- 前往海衛一特里頓，記得準備具備加熱系統的太空衣。

其中一個天王星環的粒子插圖。

海王星

前往海王星的旅客，會發現海王星天色昏暗、狂風大作，相較之下天王星就像微風輕拂。海王星的大氣層就像由氫氣和氦氣，以及少許其他氣體混合而成的濃湯，覆蓋著如地球大小的固體核心，核心周圍則被非常深的高溫氨水海洋包圍。狂風以每小時超過2,000公里的速度席捲這個星球。狂風會把你捲上天、向下丟，像棉花糖一樣甩來甩去。所以繫好安全帶，試著享受這個過程。

海衛一：特里頓

如果你受不了海王星的狂風，或許可以考慮選擇海王星最大的衛星特里頓（Triton），它有比較平靜的風景。儘管你會站在堅硬的表面上，而且也必須面對太陽系中最冷的溫度，會下降至-240°C。當你注意到特里頓的必看景點：冰火山正在噴發液態氮、甲烷和塵埃混合物的冰凍煙流，穿得溫暖點就不會是件苦差事。煙流會到達天空約8公里處，然後順風漂移約220公里——記得盡量待在上風處。

特里頓上的冰火山插圖。

天王星資料檔案

大小

天王星
地球

平均直徑
51,118公里

衛星：27個

溫度

平均
-220°C

重力

地球
X 0.91 倍

速度

每秒
7 公里

日曆

一天的長度
17小時14分鐘

一年的長度
84個地球年

海王星資料檔案

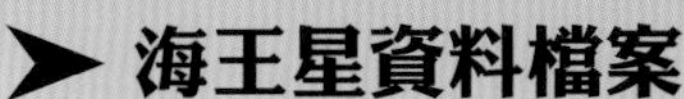

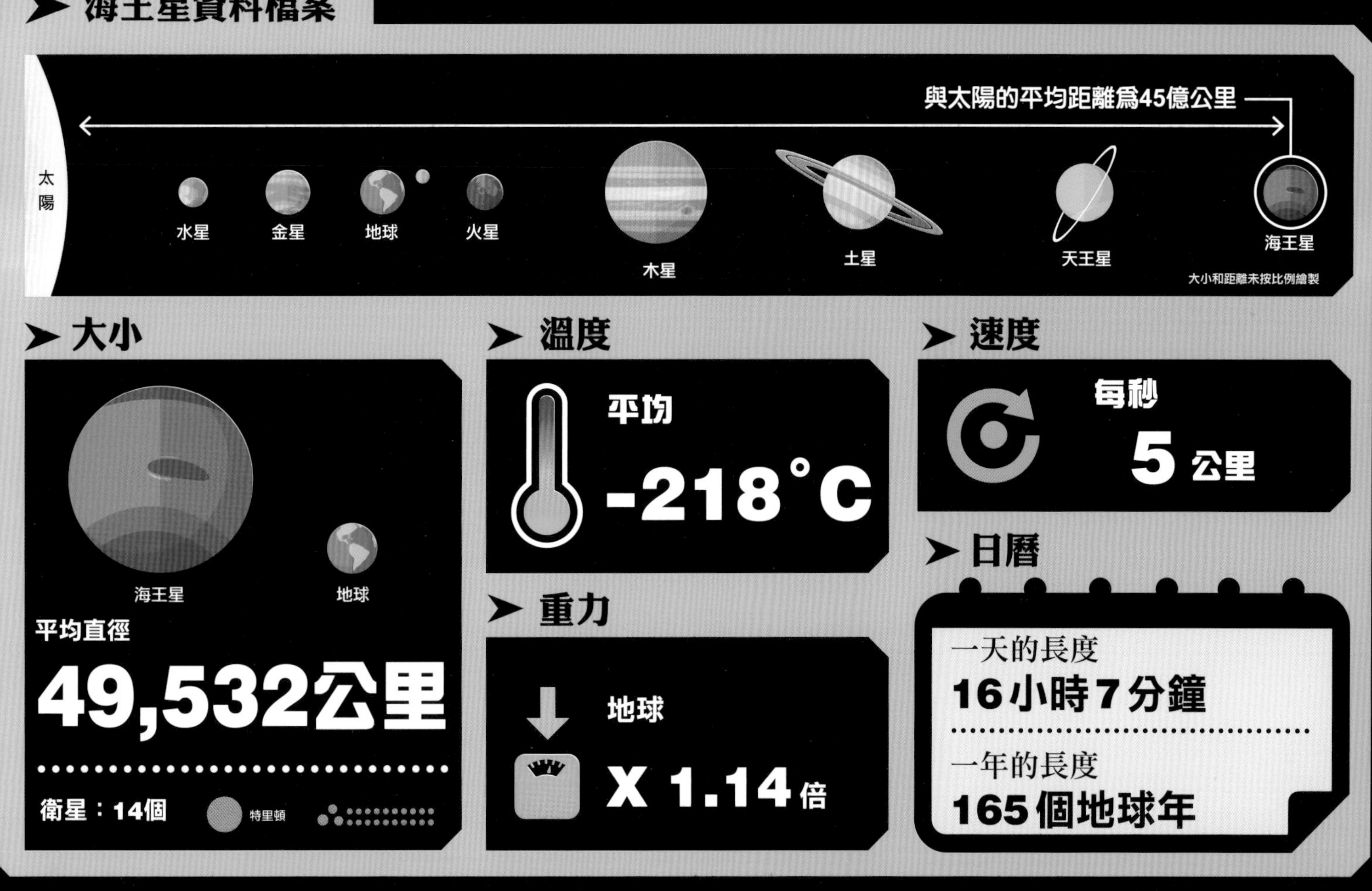

大小

海王星
地球

平均直徑
49,532公里

衛星：14個
特里頓

溫度

平均
-218°C

重力

地球
X 1.14 倍

速度

每秒
5 公里

日曆

一天的長度
16小時7分鐘

一年的長度
165個地球年

冥王星和外太陽系

2015年7月14日，新視野號捕捉到的冥王星照片。

冥王星是個冰凍的星球，在新視野號飛掠之前，冥王星在望遠鏡中看起來只是個小小的光點。新視野號發現冥王星擁有山脈、峽谷和冰川等地形，冰川上則有個像鱷魚皮圖案的廣闊冰原。

發現冥王星

1930年，美國天文學家克萊德・湯博（Clyde Tombaugh）使用口徑33公分的望遠鏡，發現了冥王星。冥王星最初被列為太陽系中的第九個行星，但國際天文學聯合會在2006年將它重新分類為矮行星，因為他們發現冥王星是個較小的天體，而且是古柏帶（Kuiper Belt）的一部分，古柏帶是太陽系形成過程中遺留下的冰塊和岩石碎片所形成的區域。

發現冥王星的克萊德・湯博說他很想去看看太陽系的行星和系外行星。新視野號完成了他的願望——**帶著他的骨灰同行**。

新視野號

2006年，新視野號從卡納維拉角發射，展開了前往冥王星的偉大旅程。新視野號以每秒16公里的速度航行，只花了一年多的時間就抵達了木星，並利用氣態巨行星木星進行了重力助推，然後就關閉所有非必要系統，進入了休眠狀態，在休眠了將近八年後，新視野號在2015年醒來，並順利抵達了冥王星，開始傳回這個遙遠星球的照片。

新視野號探測器造價約7億美元，大小約是一台大鋼琴。

冥王星之心

新視野號發現冥王星表面有冷凍的氮氣，山脈、裂隙以及廣闊的平原是其特色，這塊平原有氮氣籠罩，橫跨1,590公里，被暱稱為冥王星之心（Pluto's Heart）。平原上有一塊光滑的結冰地面，叫做史波尼克高原（Sputnik Planitia），高原上面有複雜的延展圖案。科學家認為從地表下散發出來的熱能創造了這種圖案，但是造成熱能的原因仍是未知。有些人認為可能有液態海洋存在冰原下方。

冥王星小檔案

直徑：2,377公里
衛星：5個
與太陽的平均距離：59億公里
一天的長度：153.3小時
一年的長度：248年
表面溫度：約-228°C

冥王星的大氣層主要由氮氣組成，加上少量的甲烷、一氧化碳和氰化氫。

冰凍的冥王星之心，包含三個種類的冰。

太空人
比例尺

新視野號
>飛掠

飛掠

新視野號 2015～19年

2015年，新視野號捕捉到的凱倫影像。

冥衛一：凱倫

新視野號飛掠冥王星，並傳回了冥衛一凱倫（Charon）的數據。凱倫被帶狀的山脈、裂縫和峽谷所覆蓋，大約有1,600公里寬，並延伸到整個衛星的表面。科學家認為這可能是災難性地質事件所造成的結果，推測是結凍的冰使表面裂開。

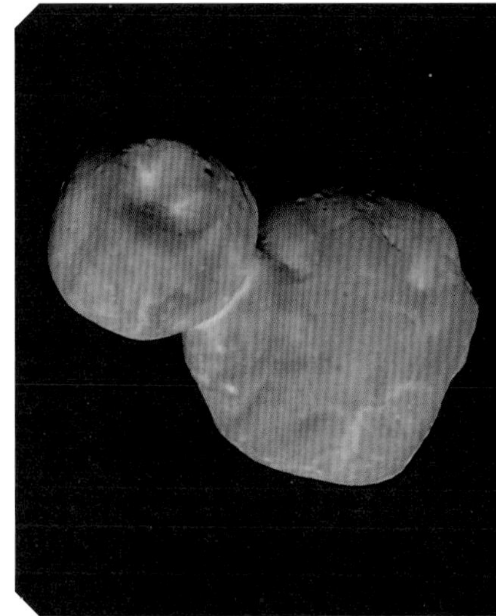

天涯海角（ULTIMA THULE）

飛掠冥王星及其衛星一年後，新視野號展開了任務的第二部分——探索古柏帶的天體。2019年1月，新視野號傳回了小行星486958天空（486958 Arrokoth），又名為「天涯海角」的第一批照片，這是一顆形狀怪異的岩石，而且是到目前為止人類所造訪最遙遠的天體。紅色的天涯海角外型就像雪人，天文學家認為是由兩個較小的球形岩石合併所形成的。

古柏帶

古柏帶是由數百萬個結冰天體所形成的甜甜圈狀區域，在古柏帶中發現了冥王星，而且古柏帶也被認為是彗星的起源之一。

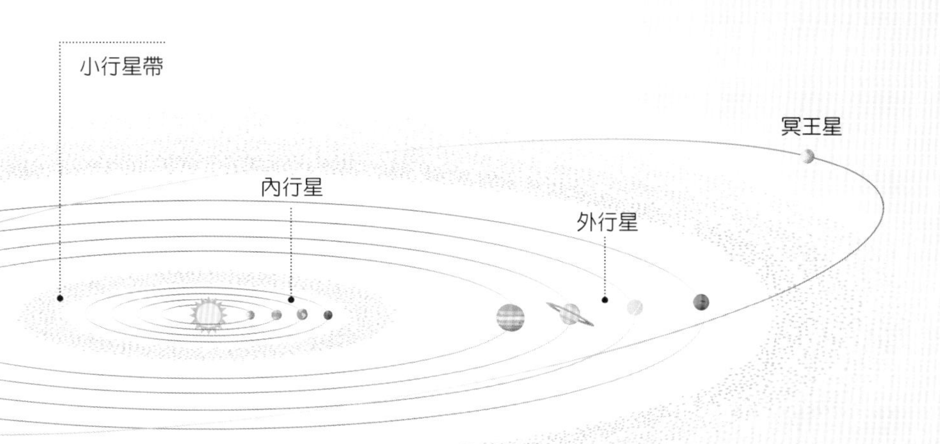

越過太陽系

航海家1號和2號探測器，比其他任何人造物體都更深入太空。數年前這兩艘太空船就越過了太陽系的外緣。現在，航海家太空船正穿越星際空間。它們的旅程會在何時或在哪裡結束，沒有人知道。

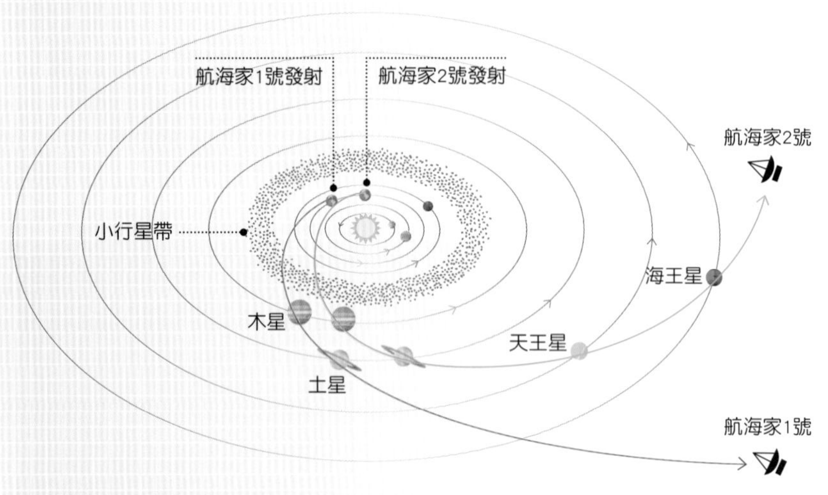

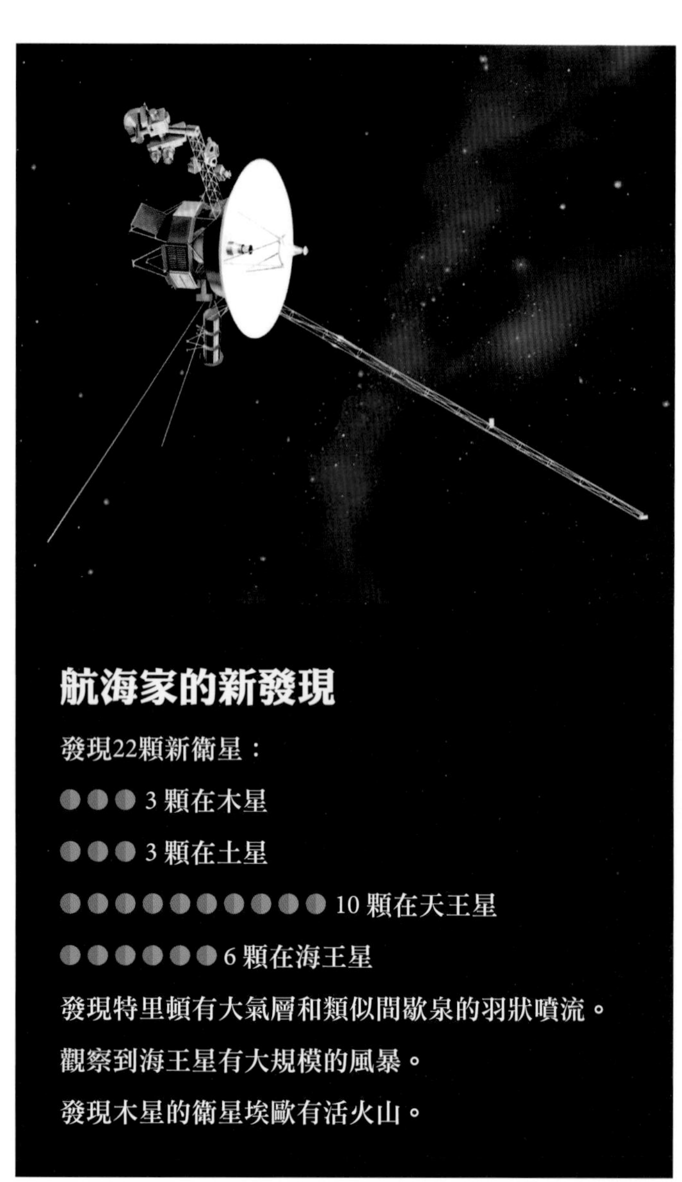

航海家的新發現

發現22顆新衛星：

●●● 3 顆在木星

●●● 3 顆在土星

●●●●●●●●●● 10 顆在天王星

●●●●●● 6 顆在海王星

發現特里頓有大氣層和類似間歇泉的羽狀噴流。

觀察到海王星有大規模的風暴。

發現木星的衛星埃歐有活火山。

太陽系的彈弓效應

航海家1號和2號的發射，是為了利用罕見的行星排成一列現象，這個現象每176年才會出現一次，使它們能夠利用每個行星的重力，以彈弓的動作連續地從一個星球盪到另一個星球。雖然兩艘太空船都將在星際空間航行，但它們遵循的軌跡略有不同，因此到達該地區的時間也不同。

穿越時間和太空的航行

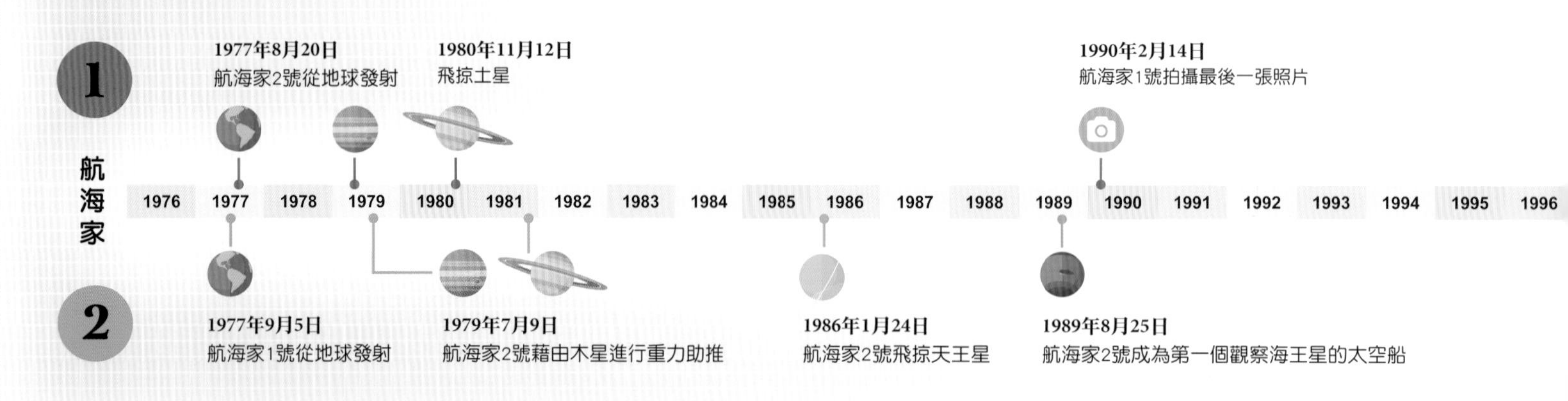

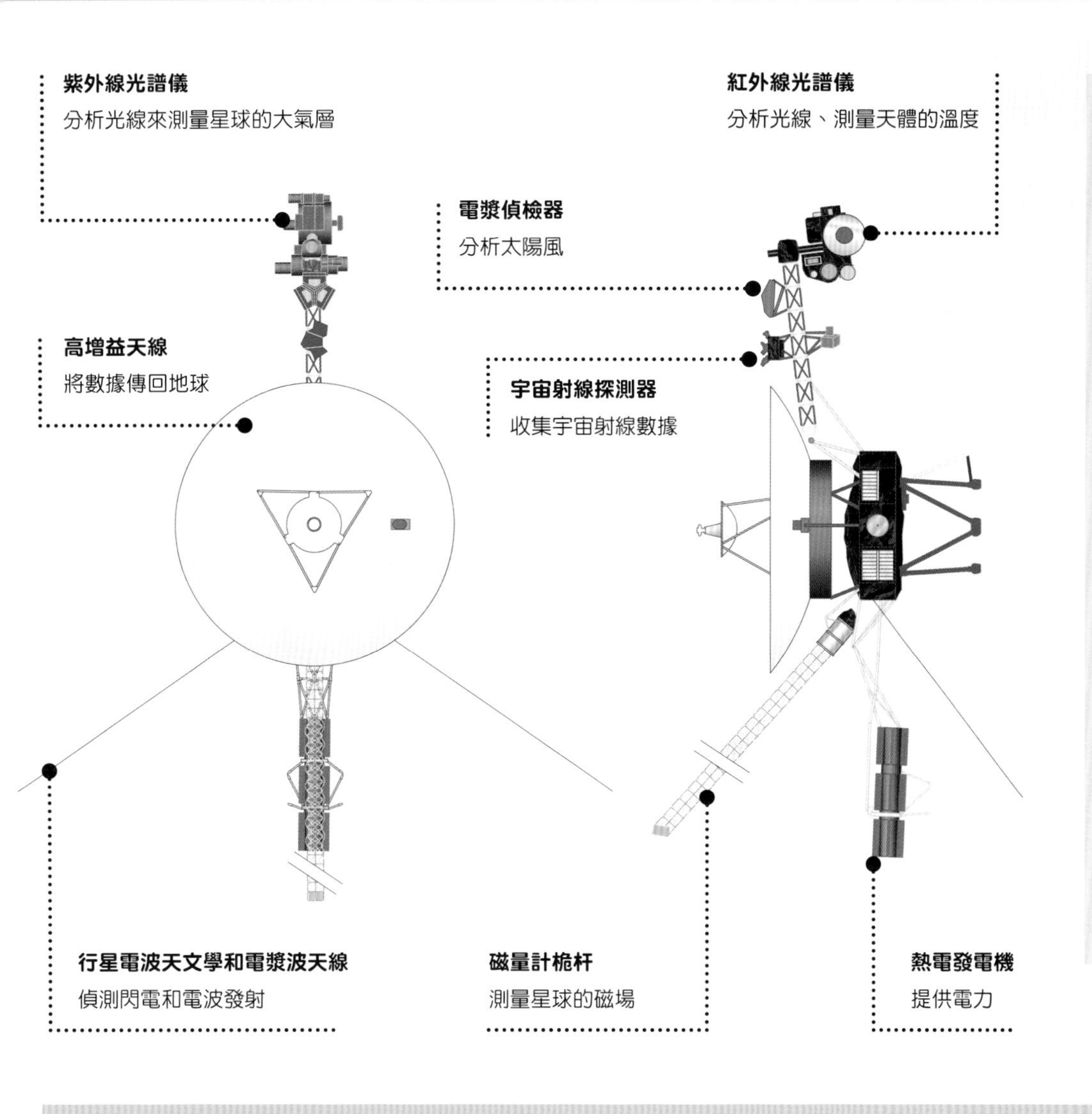

航海家2號規格

重量：721.9公斤
高度：47公分
長度：1.78公尺

航海家1號 統計資料

距離地球：222億公里
到目前為止任務時間：42年5個月7天
速度：每小時61,197公里

航海家2號 統計資料

距離地球：185億公里
到目前為止任務時間：42年5個月23天
速度：每小時55,345公里

數據統計至2020年2月13日。

金唱片

因為不知道航海家1號和2號會在哪裡結束旅程，兩艘太空船上都放了一張金唱片，向發現太空船的外星人解釋地球上的生命。金唱片包含了來自地球的影像和聲音，包括55種語言的問候，以及流行音樂家和古典音樂家演奏的音樂。唱片旁邊有唱片播放器以及如何播放的說明。

唱片的封面（圖左）特別加上好幾個圖表，包括如何操作唱片的說明和標示太陽的位置。

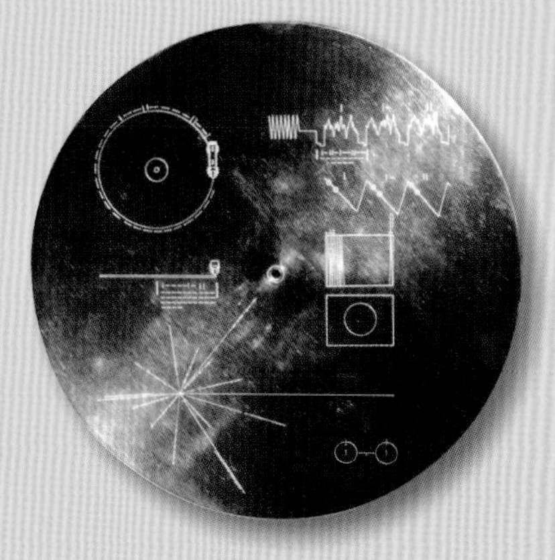

1998年2月17日
航海家1號成為太空中最遙遠的人造物體

2004年12月15日
航海家1號越過太陽系邊緣的終端震波

2007年9月5日
航海家2號越過終端震波

2012年8月25日
航海家1號進入星際空間

2018年11月5日
航海家2號抵達星際空間

1999 2000 2001 2002 2003 2004 2005 2006 2007 2008 2009 2010 2011 2012 2013 2014 2015 2016 2017 2018 2019 2020

太陽

2013年6月20日，太陽和太陽圈探測器所捕捉到的太陽影像。

太陽是一顆充滿炙熱燃燒氣體的巨大球體，也是地球最重要的相鄰天體。太陽提供的能量讓地球的生命得以生存，然而太陽也是猛烈、多變的，而且不時排放閃焰、輻射、太陽風和日冕巨量噴發。因此，調查太陽對其他星球所造成的影響，是非常重要的。

太陽和太陽圈探測器

歐洲太空總署和NASA合作的太陽和太陽圈探測器（Solar And Heliospheric Observatory，簡稱SOHO）於1995年發射，在距離地球約150萬公里的軌道上繞行。SOHO拍攝了日冕巨量噴發和太陽黑子，而且幫助人類發現了數千顆近距離通過太陽而被看見的彗星。大約有一半的已知彗星，是人類在網路上搜尋SOHO所拍攝的影像時發現的。

日冕巨量噴發，是一種太陽活動的現象，會發送數十億噸粒子進入太空，並在一至三天內到達地球。

日出號

2006年，日本發送了日出號（Hinode）衛星，調查太陽的極端高溫外大氣層——日冕。科學家希望，衛星的數據能有助於解釋，為什麼太陽日冕的溫度高達攝氏數百萬度，而其表面卻只有約5,500°C。這項任務預計將於2022年結束。

太陽過渡層成像光譜儀衛星

太陽過渡層成像光譜儀衛星（Interface Region Imaging Spectrograph，簡稱IRIS）於2013年發射，目的是研究太陽的色球層。色球層是太陽三層大氣層中的第二層，會將太陽物質發送至日冕，並發射紫外線輻射到地球。2016年，IRIS發現太陽的「炸彈」正穿過太陽的大氣層到達日冕，這可能有助於解釋為什麼日冕溫度這麼高。

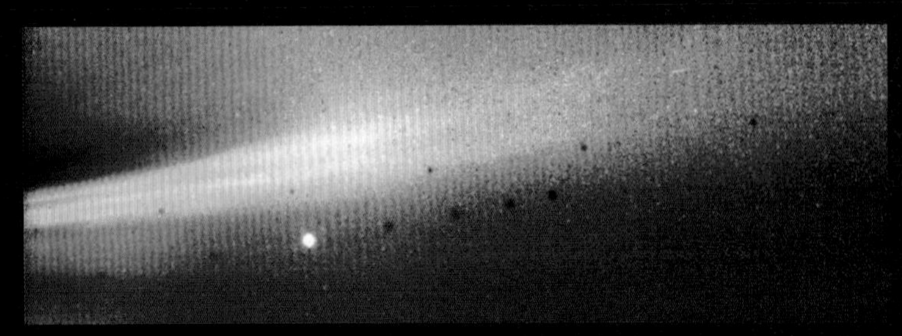

派克太陽探測器在太陽的大氣層中所拍攝的第一張照片。那個明亮的點是水星。

光從太陽到地球只需**8分鐘**多。

派克太陽探測器

派克太陽探測器（Parker Solar Probe）於2018年發射，2025年將航行至距離太陽光球層（太陽可見的表面）610萬公里的地方。它比任何太空船都更接近太陽。探測器將在七年內定期經過太陽，提供人類前所未見的日冕景觀，並調查太陽風的起源。

太陽已經走到生命的**一半**。它已經燃燒了約**半數**的氫氣儲存量，但剩下的一半還足夠燃燒**50億年**。

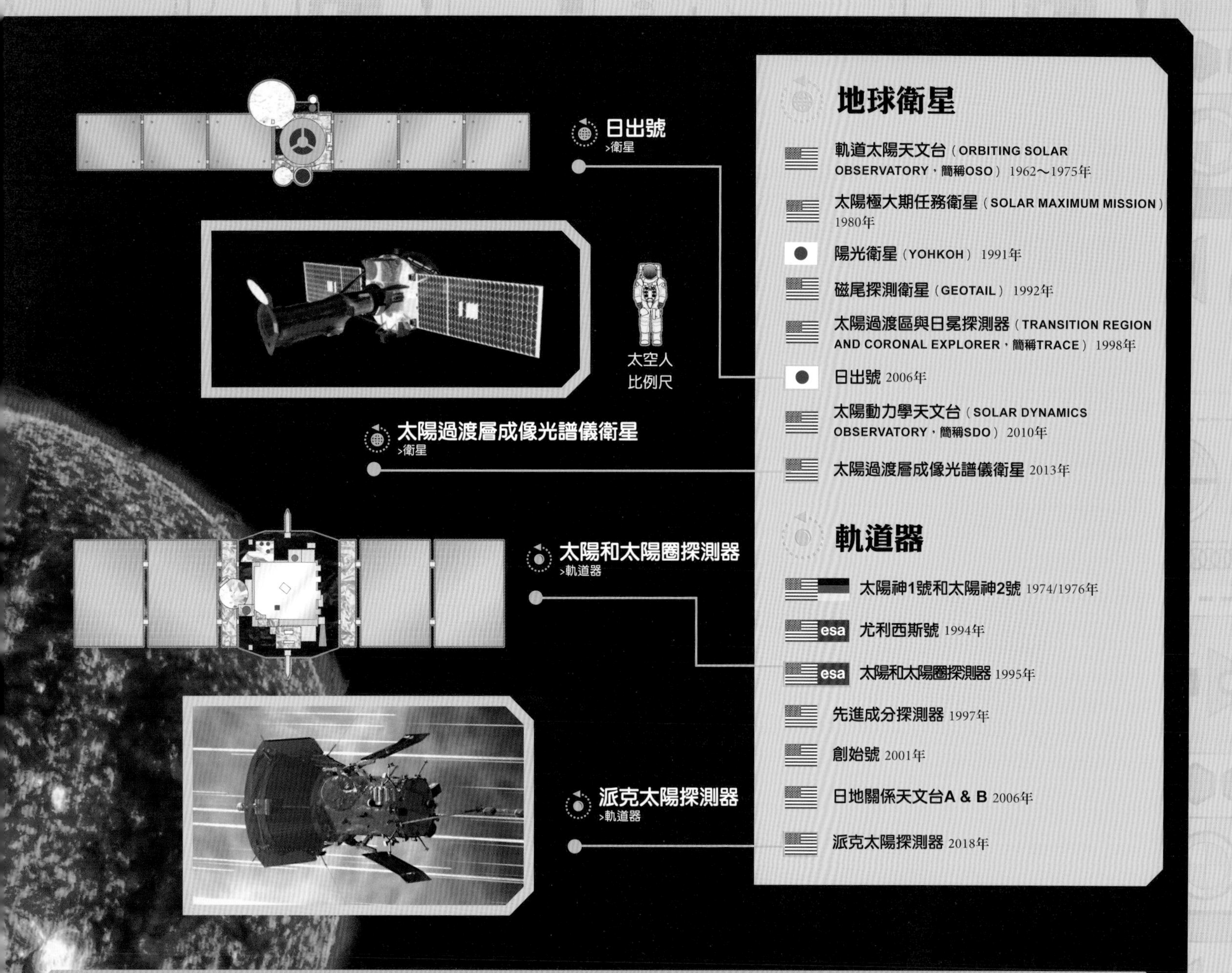

太陽的旅行指南

前往太陽的載人任務會遇到的兩個迫切問題是燃料和高溫。太陽距離地球約1.5億公里，我們還沒有發明能夠攜帶足夠燃料的太空船，可以搭載你和補給品往返，但主要的問題還是溫度。太陽的表面高溫約為5,500°C，這會讓你和太空船馬上融化。要不要考慮放棄太陽，改去月球短途旅行呢？

年齡：**45億年**

恆星種類：**黃矮星（YELLOW DWARF）**

組成：**氫和氦**

平均直徑：**1,390,473公里**

太陽核心溫度：**15,000,000°C**

- 太陽可以放入130萬個地球。
- 太陽占了整個太陽系的大部分，約99.8%。
- 太陽花了約2億3千萬年，才完成銀河系中心的一個軌道。

太陽
水星
金星
地球
火星
木星
土星
天王星
海王星
冥王星

小天體：小行星

在行星形成時，會遺留下來一些名為小行星的岩塊。小行星大多位於火星和木星之間，一個叫作「小行星帶」的區域，但有時小行星也會被撞擊而離開軌道。曾經有一顆小行星在地球上造成了大滅絕，大約在6,600萬年前消滅了恐龍。

伽利略號前往小行星加斯普拉

伽利略號（Galileo）探測器在前往木星的航行途中，提供了第一個對小行星的近距離研究。 1991年，伽利略號以1,600公里的距離，通過小行星951加斯普拉（951 Gaspra），照片中顯示加斯普拉有數百個小隕石坑。

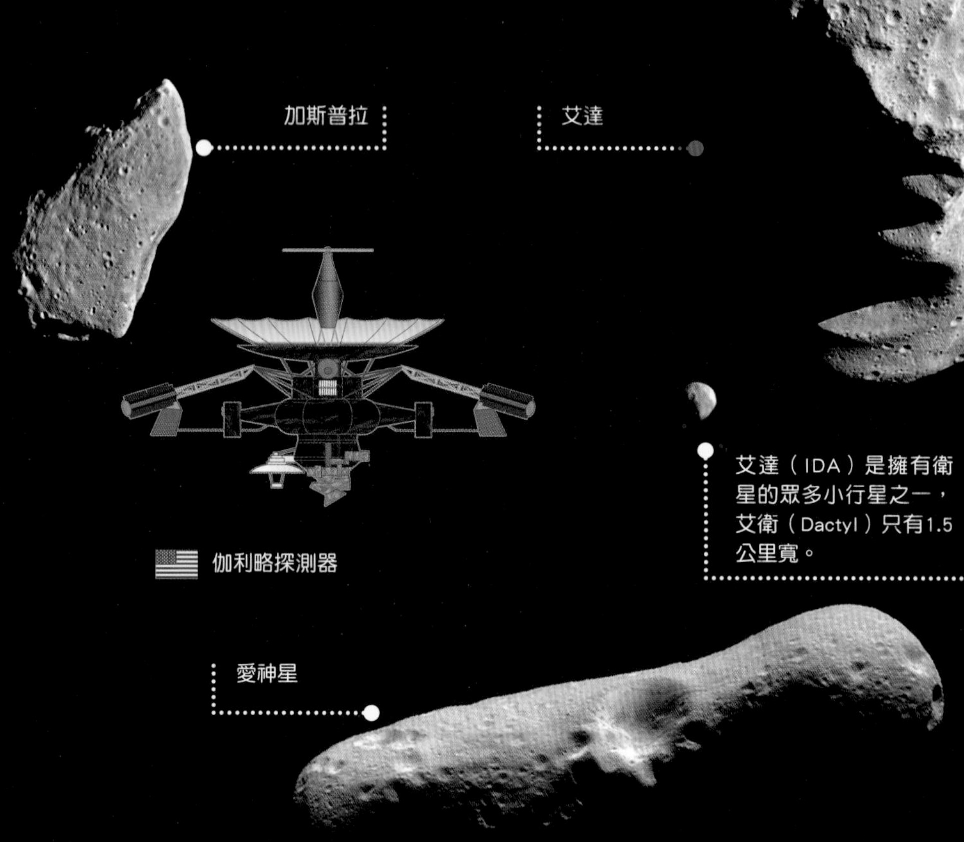
加斯普拉
艾達
伽利略探測器
艾達（IDA）是擁有衛星的眾多小行星之一，艾衛（Dactyl）只有1.5公里寬。
愛神星

小行星的撞擊

2019年9月，一顆大小約是一棟高樓的小行星，以每小時23,000公里的速度，近距離掠過地球。小行星2000 QW7以530萬公里的距離經過地球，但仍被定義為近地天體——在離地球2億公里以內的距離朝地球而來的物體。這顆小行星長度超過650公尺，比殺死恐龍的小行星小30倍以上。

據信6,600萬年前有顆小行星撞擊墨西哥的猶加敦半島，造成恐龍滅絕。

會合號前往愛神星

會合－舒梅克號（Near Earth Asteroid Rendezvous Shoemaker，簡稱NEAR Shoemaker）探測器，是第一個專為調查小行星愛神星（Eros）而設計的太空船，並收集了關於愛神星的物理組成訊息。2000年，會合－舒梅克號進入環繞愛神星的軌道，並從約1,200公里的距離拍攝照片。調查發現愛神星有數百個隕石坑，和類似於地球的密度……

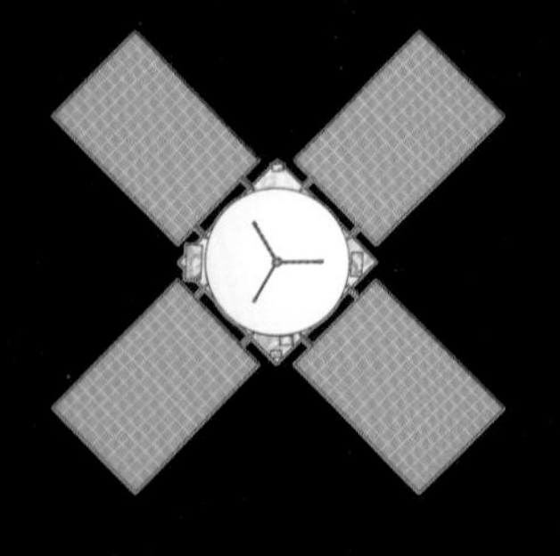

會合－舒梅克號探測器

曙光號探測器

曙光號前往灶神星

2007年發射的曙光號（Dawn）探測器，在69億公里的任務中創下了許多第一的紀錄。2011年，曙光號成為第一個繞行小行星軌道的太空船，這顆小行星就是小行星帶上的第二大天體灶神星（Vesta）。2015年，曙光號進入環繞矮行星穀神星（Ceres）的軌道，穀神星則是小行星帶上最大的天體。

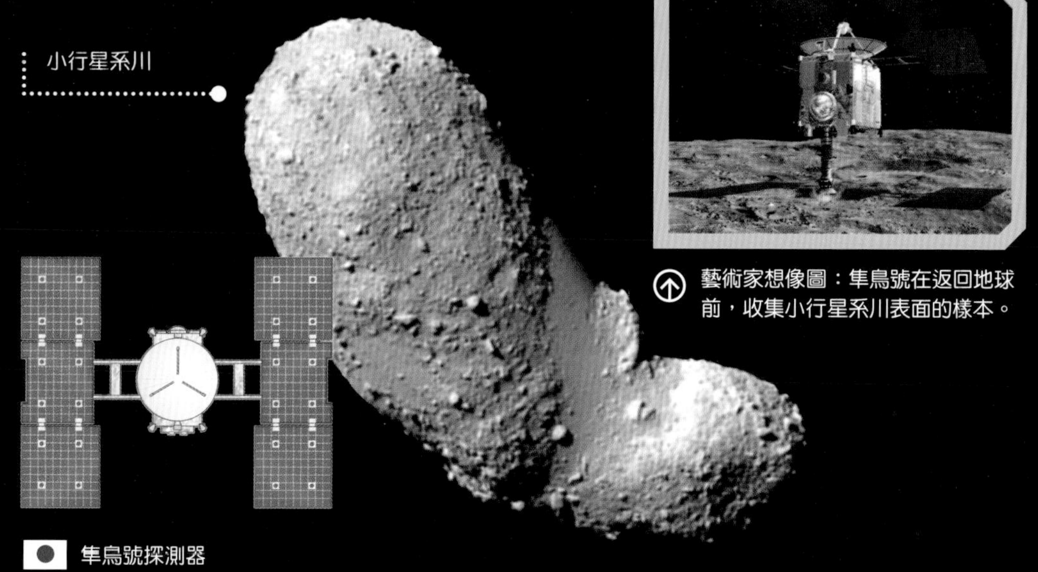

隼鳥號探測器

藝術家想像圖：隼鳥號在返回地球前，收集小行星系川表面的樣本。

隼鳥號前往小行星系川

日本的隼鳥號探測器於2003年發射，2010年登陸近地小行星25143系川（25143 Itokawa），收集岩石樣本帶回地球，並記錄有關小行星形狀、組成和密度的數據。2019年，新的探測器隼鳥2號更進一步完成兩次小行星162173龍宮的成功登陸和收集樣本。隼鳥2號的採樣手臂會發射炸彈到小行星龍宮上，使岩石結構變得鬆散，再將岩石鏟起。

多大？

小行星的形狀和大小差異很大。穀神星（最大）的尺寸是月球的四分之一也就是與美國德州的尺寸大致相同！

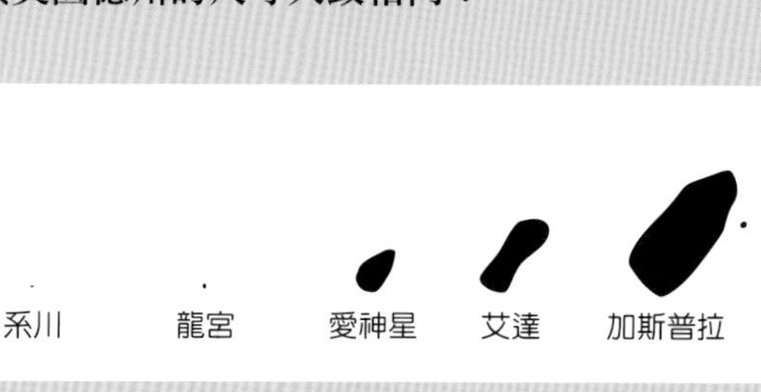

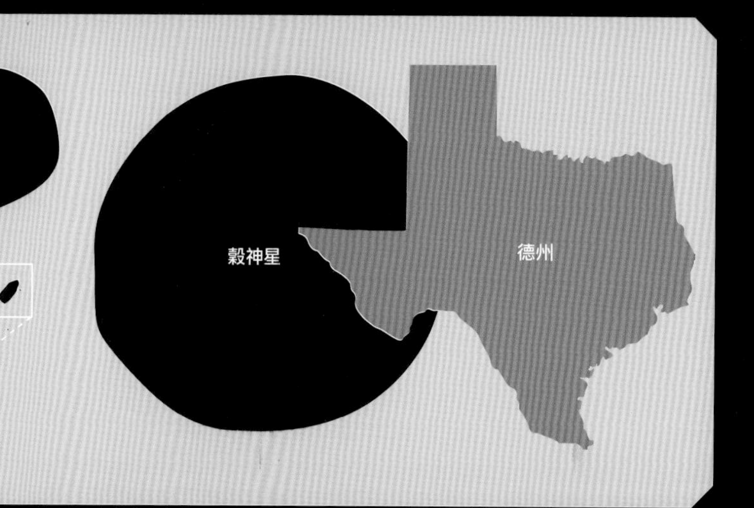

小天體：彗星

彗星是來自外太陽系的巨大冰塊和岩石。隨著彗星離太陽愈來愈近，它的冰塊會開始變成蒸氣，因此產生了混合蒸氣、氣體和塵埃的「彗尾」。有些彗星是地球的固定訪客，例如哈雷彗星，每75年便會經過地球一次。

據說哈雷彗星啟發了征服者威廉（William The Conqueror，威廉一世，是第一位諾曼英格蘭國王），哈雷彗星出現在巴約掛毯（Bayeux Tapestry）上，掛毯上記錄了威廉1066年征服英格蘭的事蹟。

喬托號拍到像馬鈴薯的哈雷彗星

英國天文學家愛德蒙．哈雷（Edmond Halley，1656～1742年）認為，有一顆特定的彗星已經定期經過地球好幾百年。記錄顯示，公元前240年、公元1066年和1301年，都有提到一顆明亮的彗星。哈雷預言這顆彗星將在1758年再次出現，後來證明他是對的。後來這顆彗星被命名為哈雷彗星（Halley's Comet），當它於1986年再度經過地球時，各國便發射了一堆探測器跟在後面，其中歐洲太空總署的喬托號（Giotto）在距離彗星596公里處通過並拍攝了照片。

哈雷彗星

照片顯示哈雷彗星像是灰暗的馬鈴薯形狀，約15公里寬。

esa 喬托號探測器

esa 羅塞塔號探測器

羅塞塔號探測器

羅塞塔號（Rosetta）是歐洲太空總署於2004年發射的探測器，為了研究67p/丘留莫夫－格拉西緬科彗星。人們對這項任務充滿期待：彗星讓人感興趣，因為它們是太陽系在形成過程中遺留下來的古老天體。因此，當羅塞塔號於2014年到達67P/丘留莫夫－格拉西緬科彗星時，人們期望它能揭開關於太陽系歷史的祕密。為了更進一步的探索，羅塞塔號發射了菲萊號登陸器到彗星的表面。

67P/丘留莫夫－格拉西緬科彗星

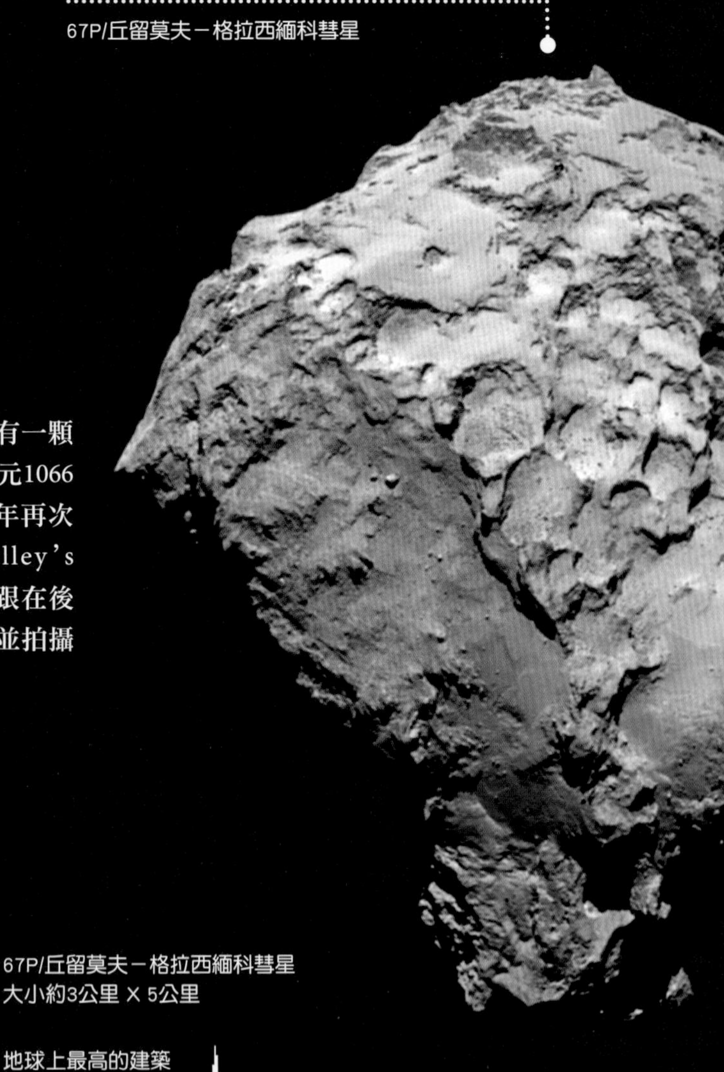

67P/丘留莫夫－格拉西緬科彗星大小約3公里 X 5公里

地球上最高的建築物哈里發塔當作比例尺

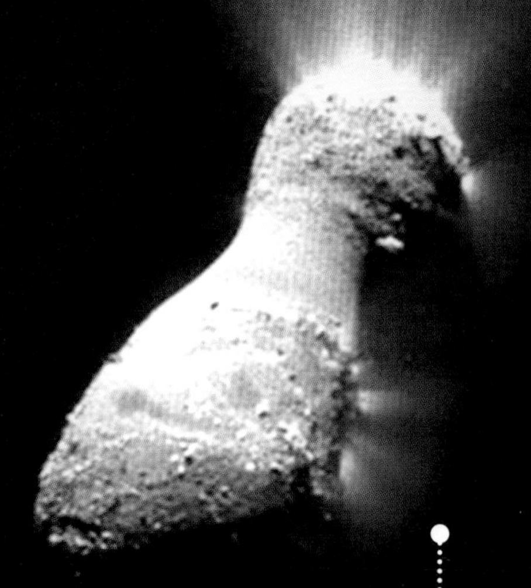

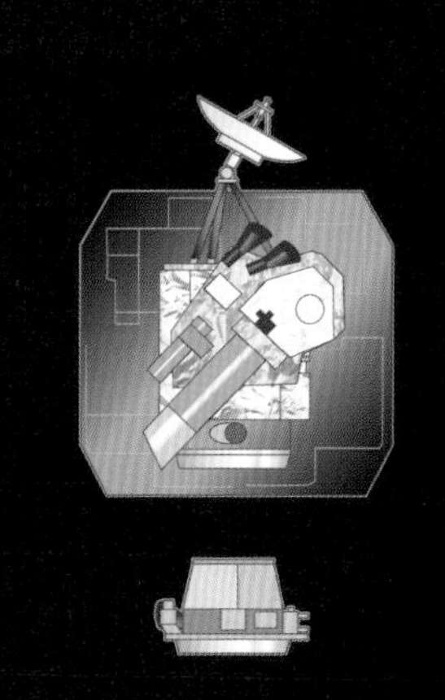

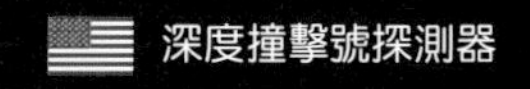

菲萊號的登陸

重量100公斤的菲萊號是第一個造訪彗星的登陸器。然而，事實證明，登陸67P/丘留莫夫－格拉西緬科彗星是一項十分艱鉅的任務。為了找到立足點，菲萊號試圖將魚叉射入彗星的表面，但是卻失敗了。菲萊號試圖著陸時，從彗星結冰的表面反彈，之後便掉在峭壁的陰影下，導致它無法使用太陽能電池充電，幾小時後電力就耗盡了。

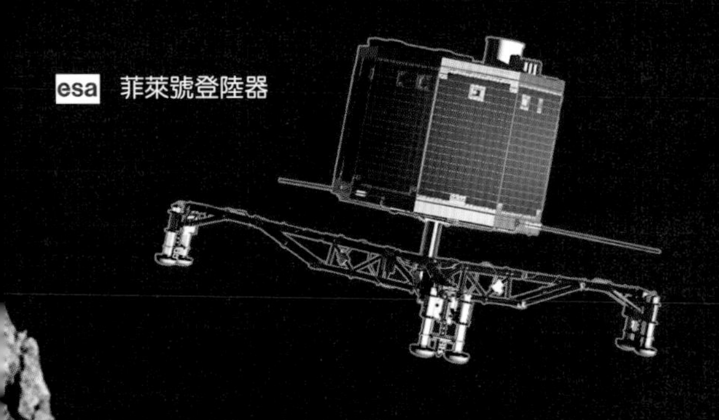

深度撞擊號任務

深度撞擊號（Deep Impact）任務由兩部分組成：茶几大小的太空船，和一個設計來撞擊坦普爾一號彗星（9P / Tempel 1）的較小探測器。探測器撞擊彗星的衝擊力量相當於4.17公噸的炸藥，在彗星表面造成了約150公尺寬的坑洞，也讓彗星內部原始的物質露出。顯示彗星在其表面之下，帶有部分空白的鬆散質地。

星塵號的收集

星塵號（Stardust）是美國發射的探測器，負責收集彗星上的塵埃並送回地球。2002年，太空船經過小行星5535安妮．法蘭克（5535 Annefrank）並加以研究，然後在2004年繼續前往維爾特二號彗星（81P / Wild）。為了順利收集塵埃，星塵號使用了折疊長手臂，手指末端則採用了類似海綿的材料：氣凝膠。在2014年重返地球後，星塵號收集到的物質，證明了這趟不虛此行。塵埃中含有胺基酸「甘胺酸」（Glycine），一種只會在生物中發現的化學合成物。

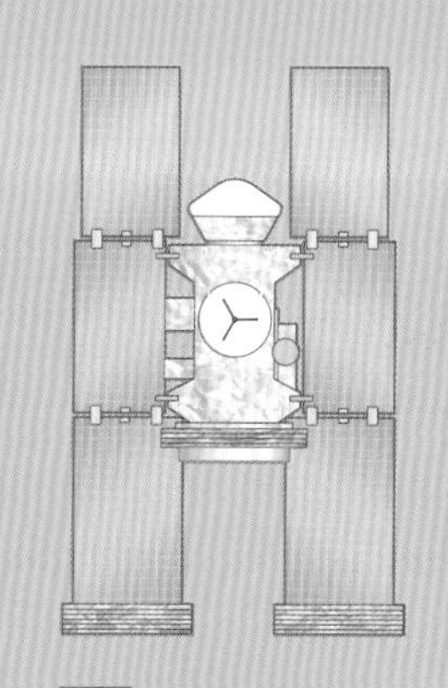

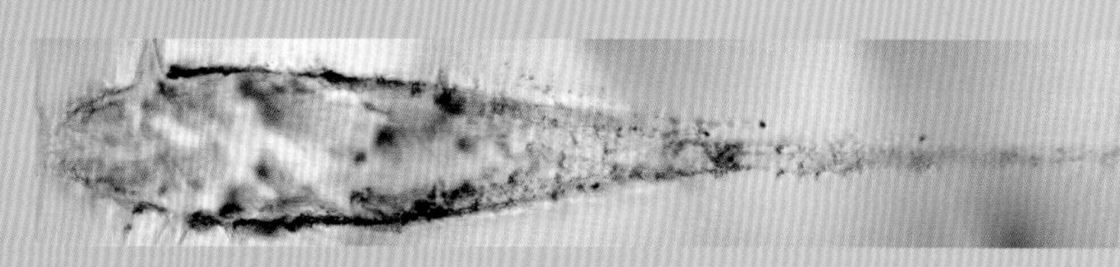

彗星微粒包圍在氣凝膠內，所形成的軌跡特寫。

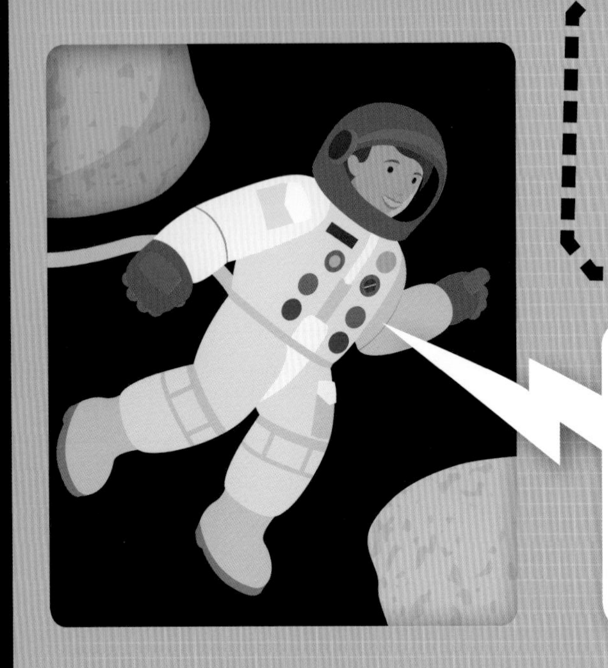

小天體的旅行指南：小行星和彗星

彗星和小行星應該會成為人們最喜歡的、必看的太空旅遊目的地。畢竟，它們的數量很多，而且經常靠近地球。這意味著你可以有趟太空小冒險，不需要歷經那麼漫長乏味的旅程。所以，準備跳上太空船出發吧！

登陸

要趕上彗星或小行星有點棘手——它們在太空中飛了數百萬公里，而且速度很快，非常快。通常，它們接近太陽時可以達到每秒約18公里的速度。你必須能夠達到相近的速度，並且和你選擇要去的彗星或小行星並駕齊驅航行。為了達成這個目標，你可以嘗試一種名為「重力牽引機」的新技術。利用太空船引起的重力與彗星或小行星同行，然後將你的登陸器發射到彗星或小行星表面。

你需要

- ✓ 魚叉、繩索和繫繩
- ✓ 有加熱、冷卻和防輻射功能的太空衣
- ✓ 收集樣本的桶子和鏟子

彗星67P/丘留莫夫－格拉西緬科的表面。

表面

你需要將鋒利的繫繩魚叉射入彗星或小行星表面；否則你的登陸器可能會在著陸時反彈。一旦你把魚叉插入，然後把登陸器往下拉到表面，接著就可以到處看看。你需要一件配備加熱和冷卻系統的太空衣。當喬托號探測器造訪哈雷彗星時，表面溫度是77°C。但是，當菲萊號登陸器降落在彗星67P/丘留莫夫－格拉西緬科時，溫度為-70°C。

探索

彗星和小行星沒有大氣層，因此沒有東西可以阻止放射性粒子的轟炸。你的太空衣需要具備嚴密的防輻射功能。準備好面對重力帶給你的驚喜。像地球這樣的球形天體，會利用重力把一切往下拉到地面，但是彗星和小行星通常是不規則形狀，所以你可能會被拉到某一邊去。重力的強度會根據彗星或小行星的大小而變化，但幾乎可以肯定會比地球上的重力小。

1997年觀察到的海爾－博普彗星。

小行星和彗星資料檔案

所有小行星都以短橢圓形軌道繞太陽軌道運行。發現小行星的地點，多數都在位於火星和木星軌道之間的小行星帶。

彗星通常有偏長的橢圓形軌道。彗星公認起源於古柏帶或歐特雲，是結冰天體聚集的一個區域，存在於太陽系的遠處。

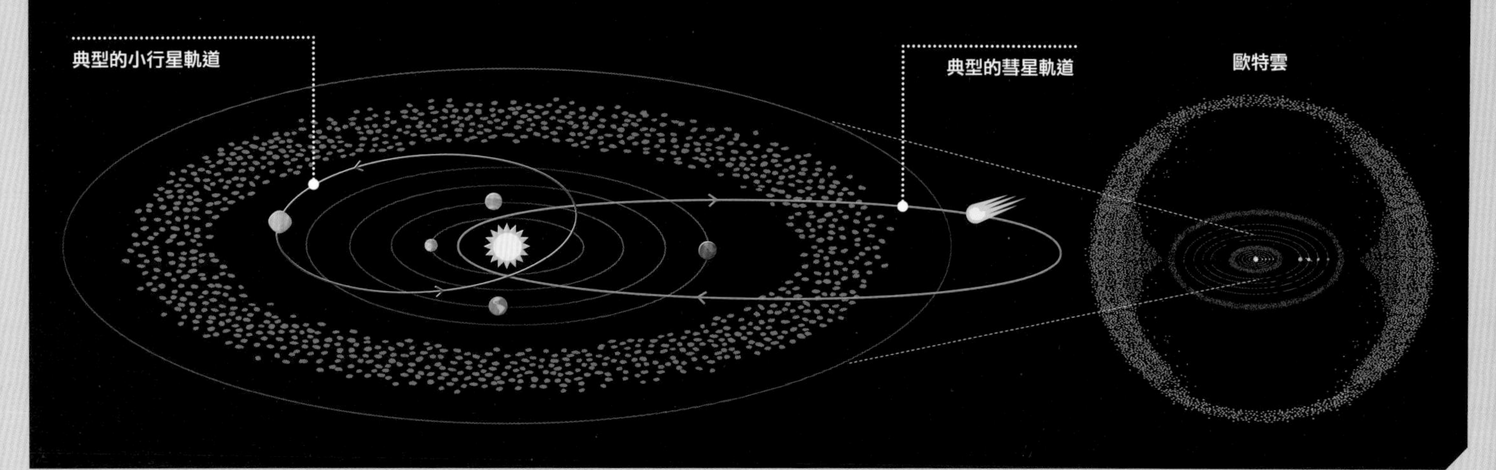

小行星

小行星主要由矽酸鹽基岩石組成，還含有鐵和鎳等金屬。較小的岩石天體被稱為流星體。流星體到達地球時，通常會在大氣層中燃燒，變成流星。

太陽系中有1.88億顆已知小行星，隨時都有人發現更多小行星。光是2018年，就發現了超過757,600顆小行星。

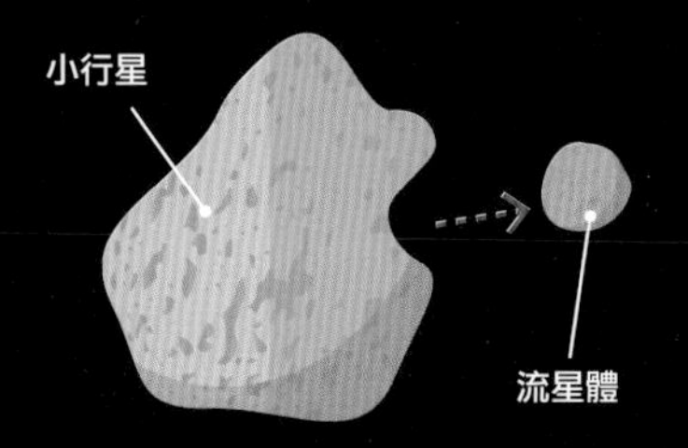

1908年6月30日，一顆直徑估計約60公尺到1,000公尺之間的小行星，進入西伯利亞上空的地球大氣層，並在通古斯河上爆炸。爆炸剷平了樹木（如圖左）並導致地震，連40公里遠的地方都感覺得到。

類似通古斯河的事件很少見，但平均每年都會有一顆汽車大小的小行星墜入地球大氣層。明亮的火球會飛過天空，但通常著地之前就會燃燒殆盡。

彗星

彗星由冰和塵埃組成，綽號「髒雪球」或「宇宙雪球」。

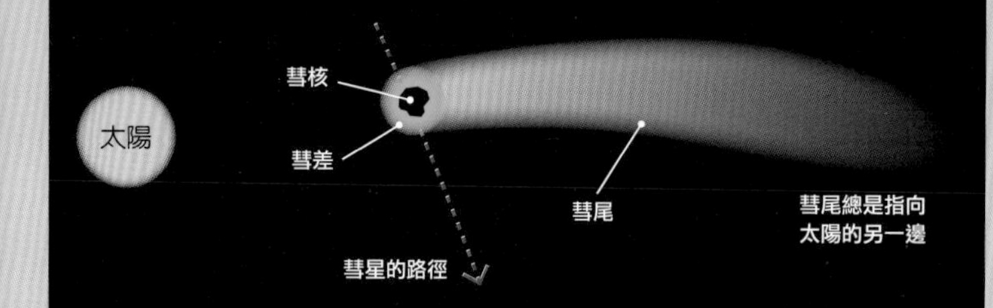

彗星由以下部分組成：
彗核，冰、岩石、氣體和塵埃的固體中心。
彗差，在彗核周圍，是二氧化碳、氨氣、塵埃和水蒸氣的混合。
彗尾，一長串的離子、氣體和塵埃。

大多數彗星都有兩條彗尾：塵埃尾和離子尾，就像上一頁的海爾－博普彗星（Hale-Bopp）圖片那樣。

彗星明亮、反光，而且有很長的彗尾，是天空中最壯觀的天體之一。有些彗星的軌道周期為數百萬年，這意味著有許多彗星曾經通過地球，但人類從未見過它們。迄今為止，已知的彗星超過3,500種，但科學家認為在古柏帶或歐特雲中，有數十億個天體在未來的某一天可能會變成彗星。

宇宙

地球與海王星之間的距離至少有43億公里，如此遙遠的距離讓人幾乎無法想像。但是跟浩瀚的宇宙相比，這個距離根本不算什麼。宇宙的大小完全超越我們的想像，在點綴著恆星、星系和星塵的宇宙中，地球只是廣闊黑暗中的一個斑點。把宇宙拆解成許多小塊，或許是幫助我們思考的最好方法。

有多大？

地球

我們的家是一個由岩石構成的球體，平均直徑為12,756公里。地球上有空氣可呼吸，而且是我們所知唯一有生命存在的星球。

太陽系

地球是太陽系中繞著太陽軌道運行的八個行星之一。最遠的海王星距離太陽有45億公里。

銀河系

超過1,000億顆恆星組成我們所知的銀河系，而太陽只是其中之一。光束以每秒300,000公里的速度前進，如果要從銀河系的這一頭到達另一頭，要花上100,000年的時間。

星系的形狀

銀河系是一個螺旋形狀的星系，而其他星系的形狀也不同。星系形狀主要有四種類型：橢圓形、螺旋形、透鏡狀和不規則形，可能還有一些我們不知道的形狀。

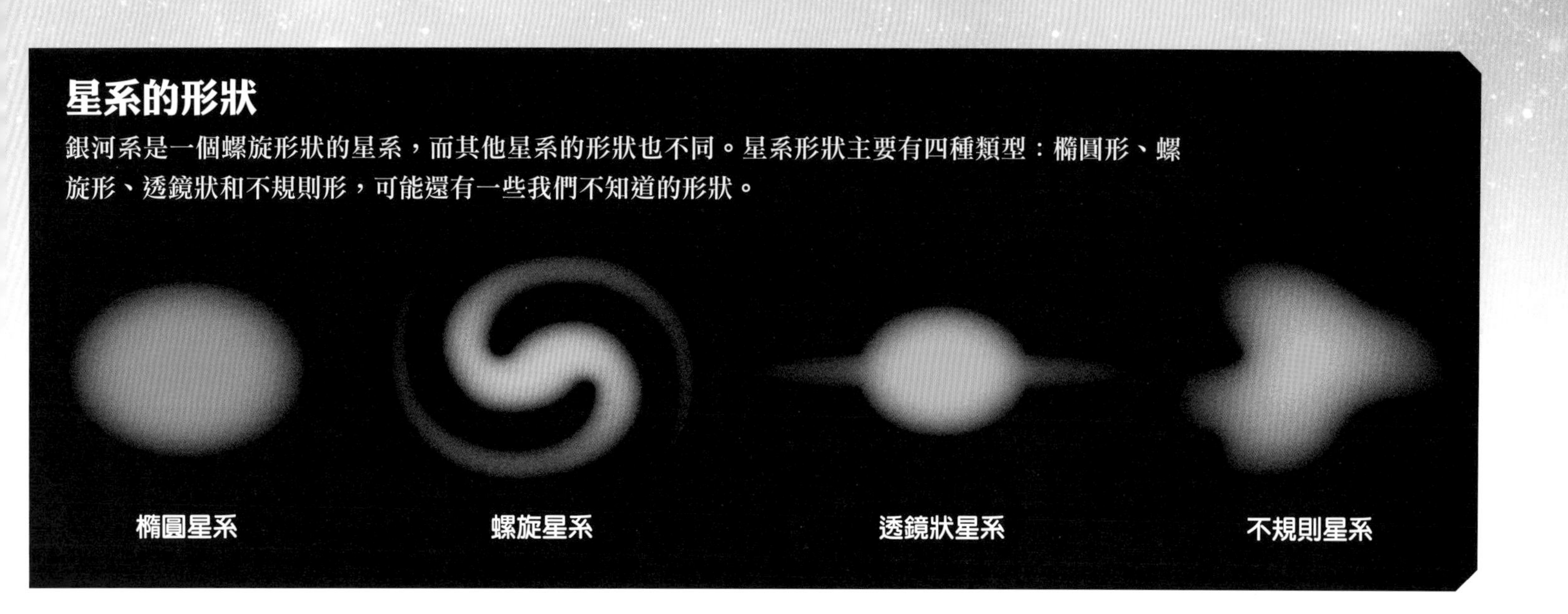

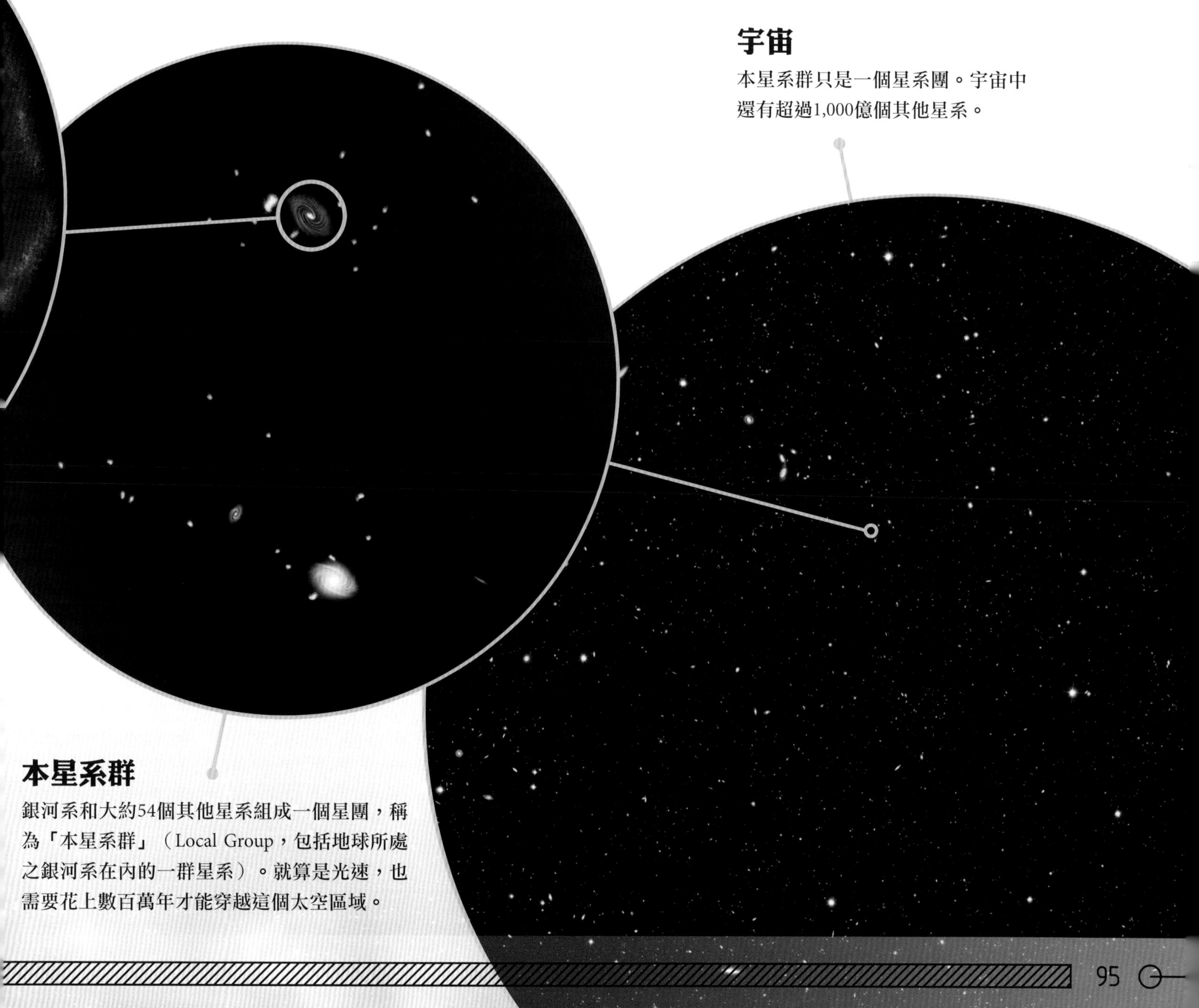

宇宙

本星系群只是一個星系團。宇宙中還有超過1,000億個其他星系。

本星系群

銀河系和大約54個其他星系組成一個星團，稱為「本星系群」（Local Group，包括地球所處之銀河系在內的一群星系）。就算是光速，也需要花上數百萬年才能穿越這個太空區域。

太空望遠鏡

傳統望遠鏡會放置在地球上的高處，以遠離光害。但是隨著太空探索時代的到來，望遠鏡可以被發射到太空中。在大氣層的上方，望遠鏡能有更清晰、不受阻礙的視野觀察宇宙。

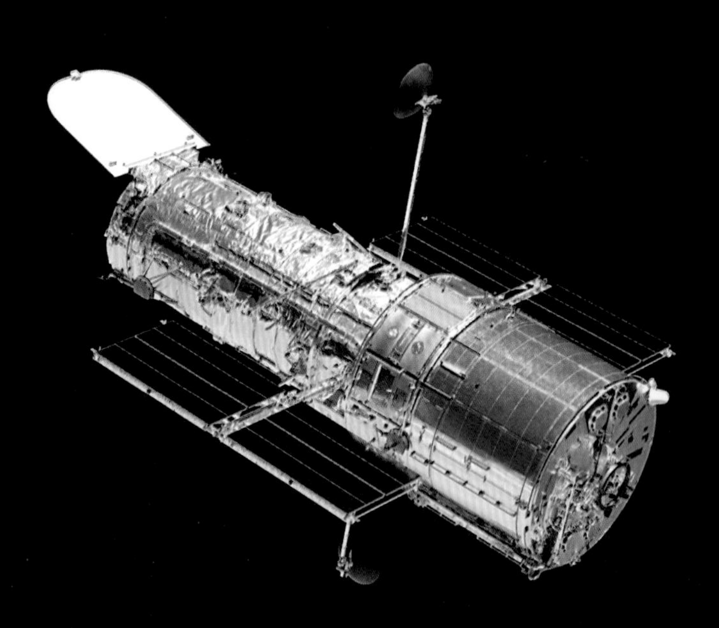

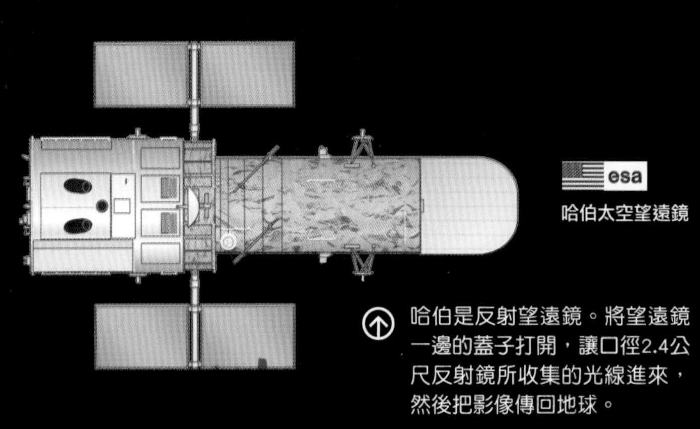

哈伯太空望遠鏡

哈伯是反射望遠鏡。將望遠鏡一邊的蓋子打開，讓口徑2.4公尺反射鏡所收集的光線進來，然後把影像傳回地球。

哈伯的發現

1990年，太空梭發現號（Discovery）將哈伯太空望遠鏡送入地球上方約600公里的軌道上。哈伯的發現徹底改變了我們觀看宇宙的方式。它拍攝的照片包括新見星（New Star）、垂死恆星（Dying Star），甚至爆炸恆星（又名為「超新星」，Supernova，超新星是某些恆星在演化接近末期時經歷的一種劇烈爆炸），其中一張照片更顯示在宇宙前所未見的角落有1,500個新的星系。哈伯的觀察成果，幫助科學家以全新的角度來了解宇宙，令人振奮。

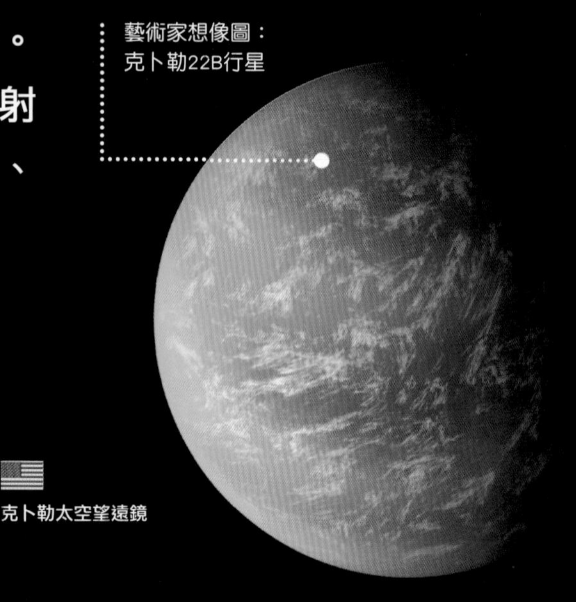

克卜勒的新世界

克卜勒太空望遠鏡（Kepler Space Telescope）於2009年發射到太陽軌道上，用來定位系外行星——不在太陽系中，而是在太陽系之外的行星。克卜勒注意到當行星從母恆星前方通過時，就會遮蔽恆星的光而使亮度稍微降低*。克卜勒太空望遠鏡發現的成千上萬系外行星包括氣態巨行星、冰巨行星（Ice Giants），和超熱的岩質行星。一顆名為克卜勒22B（Kepler-22B）的行星直徑大約是地球的兩倍，是第一個位於「古迪洛克區」（Goldilocks Zone，也稱為適居帶）的行星，之所以這麼稱呼，是因為該區域存在液態水（不會太熱，不會太冷），適合人類居住。

*（註：恆星變暗的程度取決於行星的大小，這種現象就稱為「行星凌日」，是目前天文學家尋找系外行星的主要方法之一）

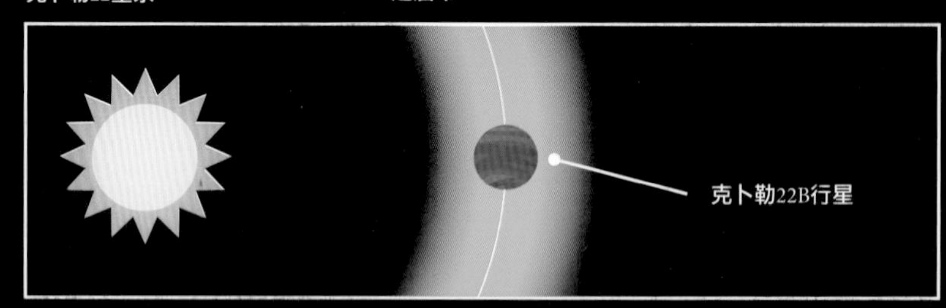

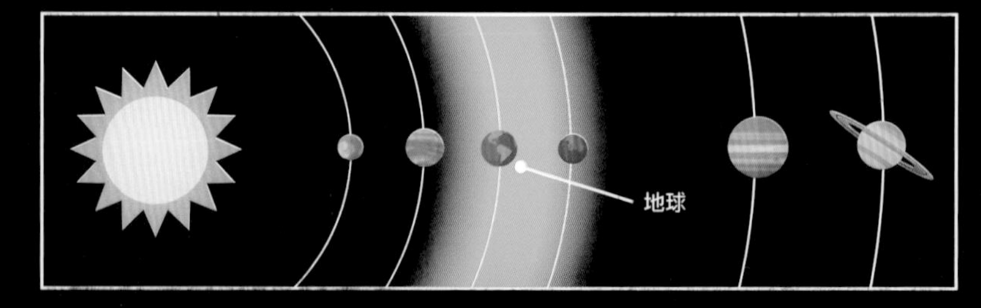

全新的詹姆斯．韋伯太空望遠鏡

作為哈伯太空望遠鏡的繼任者，詹姆斯．韋伯太空望遠鏡（James Webb Space Telescope，簡稱JWST）預計於2020年代發射，目的是研究宇宙最早的星系。恆星形成過程中會產生氣體塵埃的塌縮雲，而望遠鏡則是會偵測到這些雲氣所散發的紅外線。JWST將使用口徑6.5公尺的反射鏡，大小是哈伯望遠鏡的七倍，並預計繞行太陽軌道。

JWST的體積實在太大，無法放進去現有的太空船，所以建造時使用了鉸接反射鏡和遮陽板，送到太空後，反射鏡和遮陽板便會自動展開。

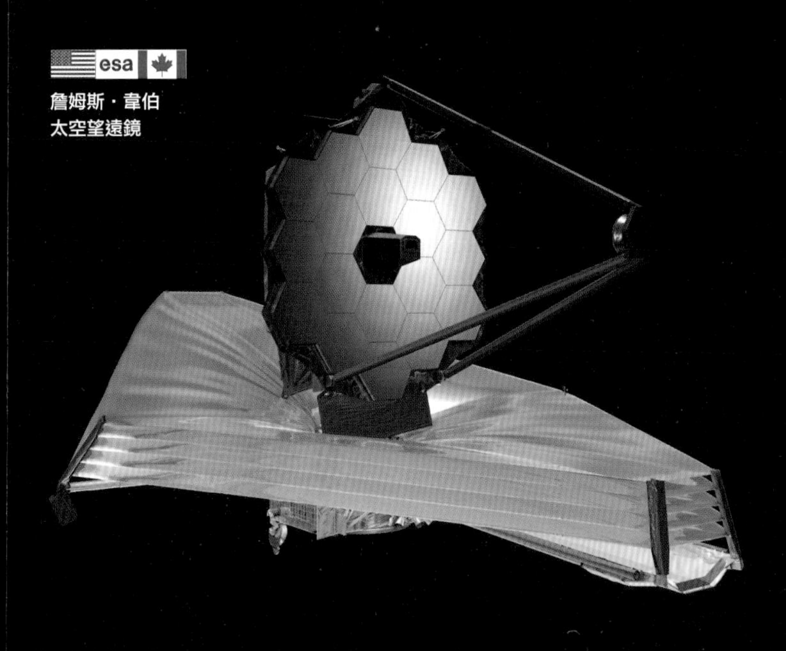

錢卓拉讓人大開眼界

錢卓拉X射線天文台（Chandra X-Ray Observatory）由哥倫比亞號太空梭於1999年搭載升空，是觀察黑洞、星爆星系和超新星的望遠鏡。錢卓拉收集的是X射線而不是可見光，因此可以偵測到人眼看不到的東西，它的觀察成果包括星系碰撞和超新星。

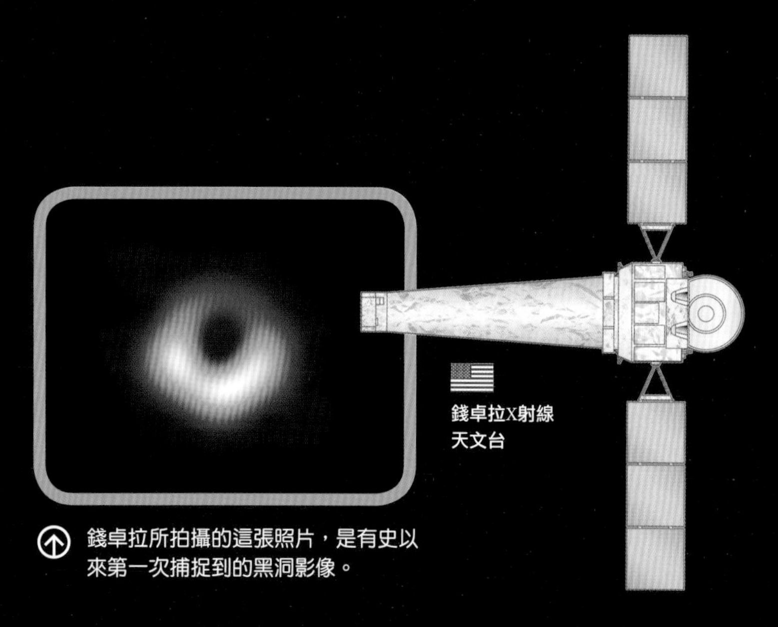

錢卓拉所拍攝的這張照片，是有史以來第一次捕捉到的黑洞影像。

不同的光

地球望遠鏡藉由收集可見光來運作。但是即使是在晴朗的夜晚，大氣層的氣流還是會使望遠鏡的影像模糊掉。太空望遠鏡不會受到大氣層的干擾，還可以探測到可見光以外的其他波長，這些波長包括X射線、紅外線、紫外線和微波。許多太空望遠鏡還可以響應不同波長的組合，以建立更清晰的視野。

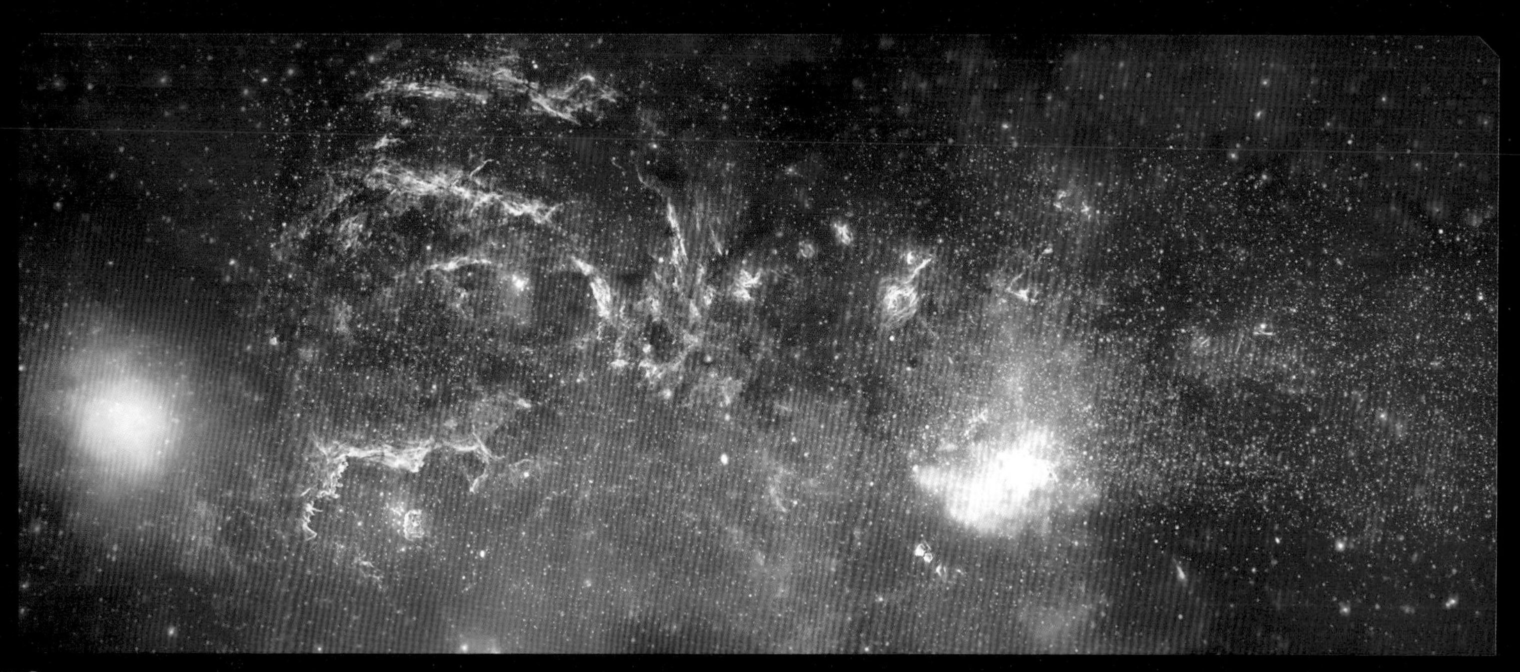

這張照片是銀河系的一部分，透過組合不同波長的影像而成，照片來自於哈伯太空望遠鏡、史匹哲太空望遠鏡（Spitzer Space Telescope）和錢卓拉X射線天文台。

尋找外星人

太空中的某處有外星人存在嗎？我們的銀河系裡有超過一千億顆恆星，許多都有自己的行星系統。在銀河系之外，還有數十億個星系。地球真的是唯一一個擁有生命的星球嗎？如果外太空真有生命存在，它看起來像什麼？我們又要如何找到它？

尋找外星生命

尋找外星生命的行動稱為「搜尋地外文明計畫」（Search For Extraterrestrial Intelligence，簡稱SETI）。這些年來各種探索太空的組織紛紛成立，希望能追蹤到外星生命的證據。這些組織多數是由私人提供資金，例如位於美國加州、成立於1984年的SETI研究所。迄今為止，全世界已花費數億美元，但從未找到有外星生命存在的證據。

傳訊息給外星生命

2017年，一個名為「給外星高智生物的訊息」（Messaging Extraterrestrial Intelligence，簡稱METI）的組織，向繞著恆星GJ 273運行的兩個系外行星發送了無線電訊息，GJ 273距離地球約12.36光年。METI認為大約25年後可能會得到回應——當然，前提是如果外星生命存在的話，而且他們有能力發回訊息。然而，將訊息發送到未知的太空，引起了一些反對意見。畢竟地球是一個擁有豐富資源的星球，更優越的物種可以輕易從我們手中奪走這些資源。不過有些人則持有不同的看法：假設外星人確實接收到來自地球的訊息，他們也有可能完全看不懂。

尋找外星生命就像大海撈針。捉到魚的機會很小，但並不代表大海中沒有魚。

包括史蒂芬・霍金（Stephen Hawking）在內的科學家都表示：吸引先進的外星文明到地球來，可能會引發可怕的後果。

TESS望遠鏡

多數天文學家相信有外星生命存在於系外行星上，就像地球一樣：地球在「適居帶」的距離範圍內繞太陽公轉，所以有液態水的存在。凌日系外行星巡天衛星（Transiting Exoplanet Survey Satellite，簡稱TESS）可能有助於找到這樣的行星。TESS是在地球軌道運行的太空望遠鏡，目標是要尋找像地球一樣具有岩石表面的新系外行星。透過地面望遠鏡，和詹姆斯・韋伯太空望遠鏡等以太空作為基地的望遠鏡（參考第97頁），兩者合作進行更深入的觀察，將有助於將行星分類為岩質行星或氣態巨行星。

TSEE搜索整片天空尋找系外行星。

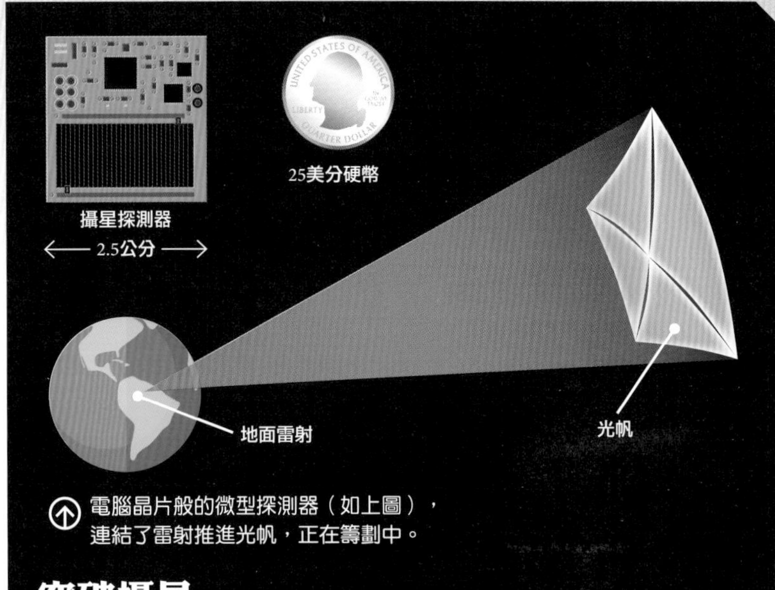

電腦晶片般的微型探測器（如上圖），連結了雷射推進光帆，正在籌劃中。

突破攝星

突破攝星（Breakthrough Starshot）是一個野心十足的計畫，打算發送一系列卵石大小的探測器，穿過太空到達距離我們最近的恆星，位於「適居帶」的比鄰星（Proxima Centauri）和系外行星比鄰星B（Proxima Centauri B）。但是，它們距離地球有4.2光年。像航海家2號這樣的太空船要花上75,000年才能到達那裡。為了加快旅程，突破攝星計劃在衛星上安裝輕量的光帆，並以高功率雷射光束用光速橫越太空。這將使衛星在20年後抵達比鄰星B，然後開始搜尋是否有生命存在的跡象。

遮住恆星的光線

為了找到可能有生命存在的系外行星，太空望遠鏡會觀察來自行星的光線。這種光線可能揭露具有說服力的生物標記：與生命相關的氣體波長；而其他紅外線則可能會顯示科技特徵，例如城市上方的汙染氣體。來自任何行星的光都會被母恆星的亮度所淹沒，因此科學家設計了一個名為「遮星板」（Starshade）的設備。這是一艘帶有大型花瓣形風扇的太空船，可以在太空望遠鏡前航行並濾除恆星的光線，讓來自行星的光可以通過。

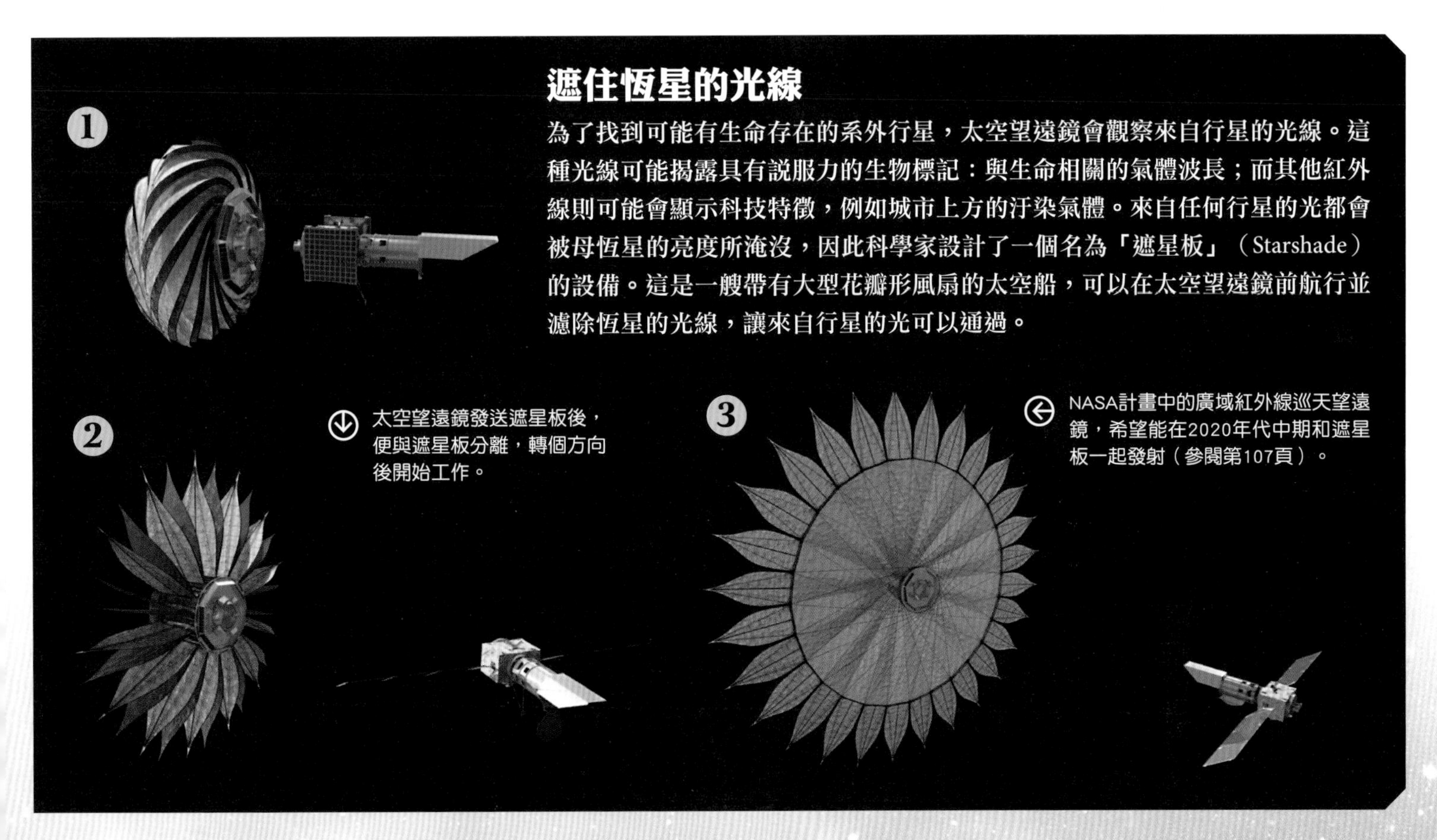

太空望遠鏡發送遮星板後，便與遮星板分離，轉個方向後開始工作。

NASA計畫中的廣域紅外線巡天望遠鏡，希望能在2020年代中期和遮星板一起發射（參閱第107頁）。

太空設備

專為太空設計的設備是世界上最先進的技術之一。科學家和工程師為了解決在太空中遇到的難題，經常需要提出巧妙的建議。那麼，最新的太空發展是什麼？

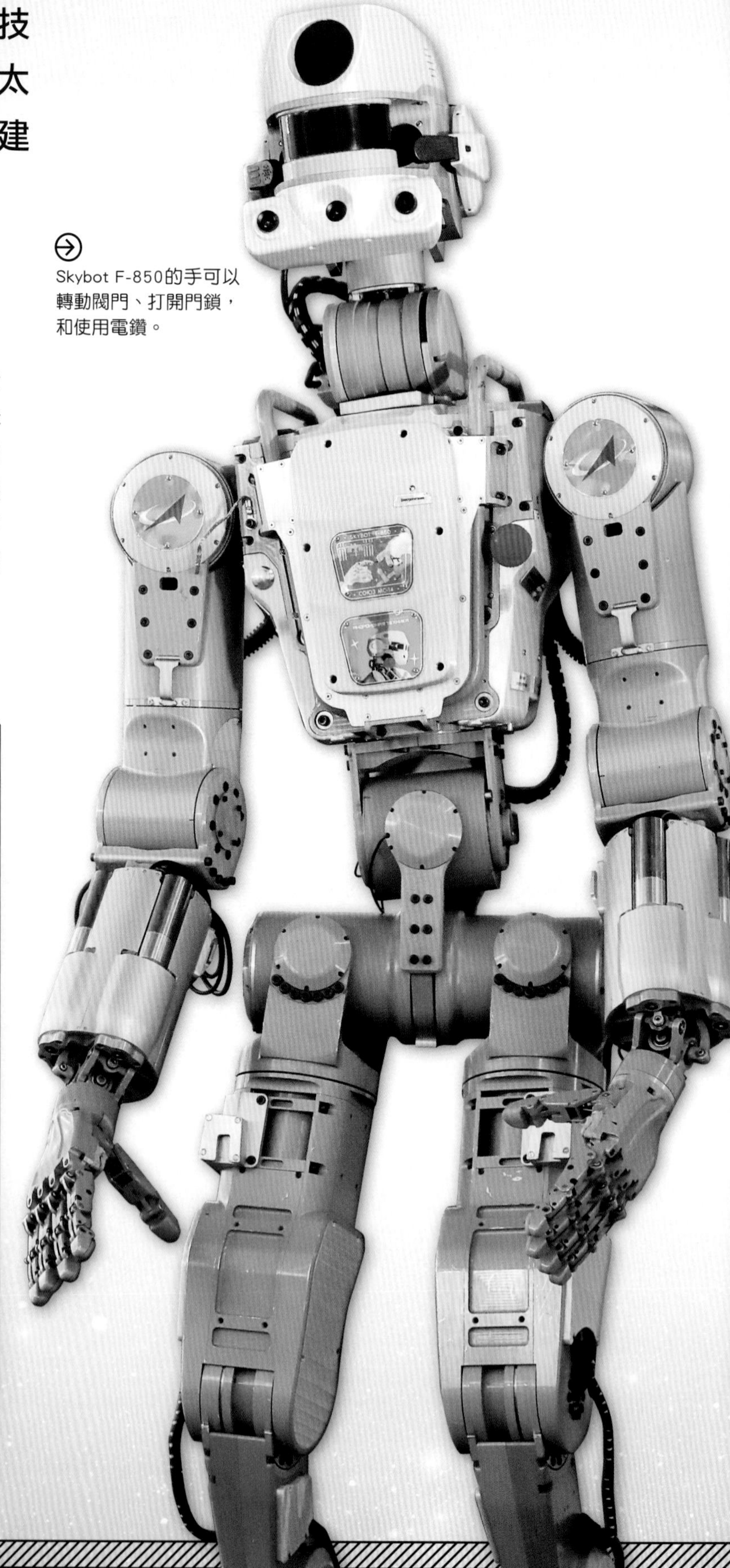

Skybot F-850的手可以轉動閥門、打開門鎖，和使用電鑽。

太空機器人

2019年8月，搭載了第一個人形機器人的聯盟號太空船發射進入太空，進行了為期兩週的任務。俄羅斯機器人Skybot F-850並未控制太空船，而是待在國際太空站展開它的任務。Skybot F-850配備人工智能，因此能獨立行動，它的機械雙手可以做到人類能完成的工作。機器人的資料庫已下載國際太空站的完整操作手冊，可以回答有關太空船的簡單問題。不過，Skybot F-850只會說俄語。

不會發出滴答聲的原子鐘

可能改變太空船導航方式的原子鐘，2019年由NASA發射到地球軌道上。比起其他已在GPS衛星上並在軌道上運行的原子鐘，深空原子鐘（Deep Space Atomic Clock，簡稱DSAC）更加穩定。原子鐘測量距離的方式，是計算太空中兩個點之間訊號傳遞的時間。深空原子鐘每一千萬年只會損失一秒鐘，這將使太空中距離的計算更加精準。

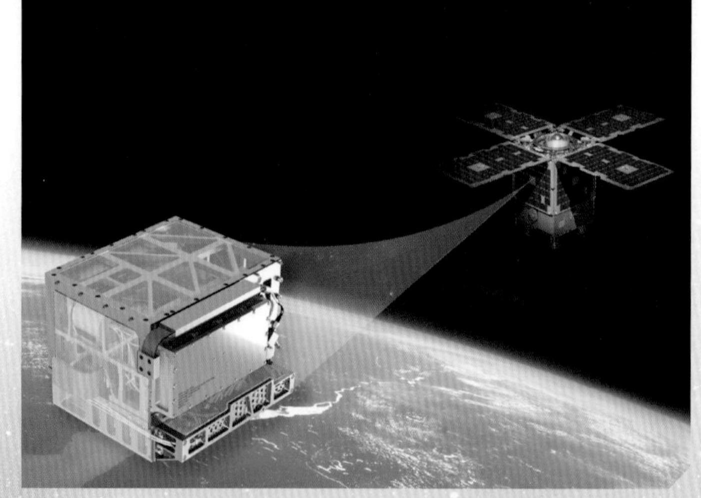

宇宙生命掃描儀

可以帶上太空船並協助搜尋生命的掃描儀正在研發中。掃描儀可以分析從遙遠行星表面反射的光線，並搜索只有生物分子才會產生的光線模式。荷蘭的萊頓大學正在研發掃描儀，並預計在2020年代早期，將第一個原型送往國際太空站進行測試。如果測試成功，掃描儀將被送到土星的衛星：土衛二恩賽勒達斯和土衛六泰坦使用，科學家認為，這兩個星球上可能有簡單的生物居住。

科幻電影中，太空船在下降到星球表面之前，會先搜尋是否有生命存在。

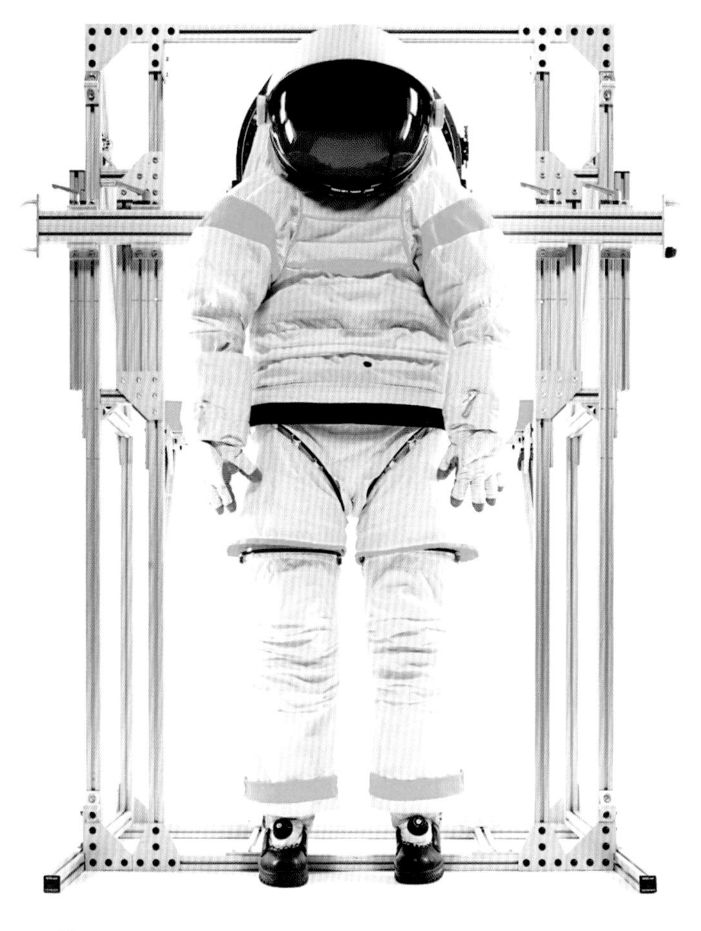

下一代太空服，NASA Z-1的原型。

火星迷你直升機

在NASA火星2020（Mars 2020）的任務中，會在探測車上加裝一台無人機大小的小型直升機，一起發送到火星，這架雙旋翼太陽能直升機，將成為首架被送到另一個星球的飛機。在火星上，它將僅用作測試載具，機上不會搭載科學設備。這會是個具有成本效益的實驗：如果直升機發生故障，不會有太大損失。如果能夠正常使用，在調查難以到達的地方時，直升機應該會很有幫助。

藝術家想像圖：火星直升機。

新一代太空衣

新開發的Z-1太空衣（如上圖）是為了在深太空任務中使用。太空人必須從太空衣背後的開口鑽進去，而太空衣則可以連接到太空人所在的載具上。其他近期的設計包括2019年底發布的Astro太空衣，由阿波羅登月太空衣的設計師所設計。Astro太空衣使用新的布料，使其更輕便更靈活。穿上的人可以透過語音命令，啟動內置的數位顯示系統，還可以隨時調整大小，不像之前的太空衣：必須量身打造，才能符合每個太空人的身形。

失敗的太空任務

在快節奏的太空探索領域中，並非所有事情都按照計劃進行。美國和蘇聯拚命地想贏得太空競賽，於是抄捷徑並犯下錯誤。從小事故到可怕的悲劇，這些錯誤直到今日都還持續在發生。

阿波羅1號

NASA急於擊敗蘇聯搶先登月，於是開始在太空競賽中走捷徑，更導致了阿波羅1號的災難。1967年1月27日，在一次日常飛行測試中，太空人古斯．葛利森（Gus Grissom）、愛德華．懷特和羅傑．查菲（Roger Chaffee），進入阿波羅1號太空船密閉的指揮艙。當時通訊出現故障，需要緊急修復，而太空人仍被固定在座位上。此時一條裸露的電線引起火花，大火瞬間吞噬整個指揮艙，還來不及移開艙口，三名太空人便已喪生。

飛行模擬器配備了彈射座椅，包含推進器和降落傘。

阿波羅1號的死亡意外，讓NASA遭受到強烈批評，但太空計畫並未因此中斷。

飛行床架

練習登月的登月艙模擬器被戲稱為「飛行床架」，是出了名的難以控制。1968年，尼爾．阿姆斯壯在為阿波羅11號任務進行練習時，模擬器讓他和死神擦身而過。在距離地面150公尺時，模擬器開始旋轉並失去控制，幸好阿姆斯壯成功在模擬器失火墜毀前彈射逃生。當時的情況真是千鈞一髮。

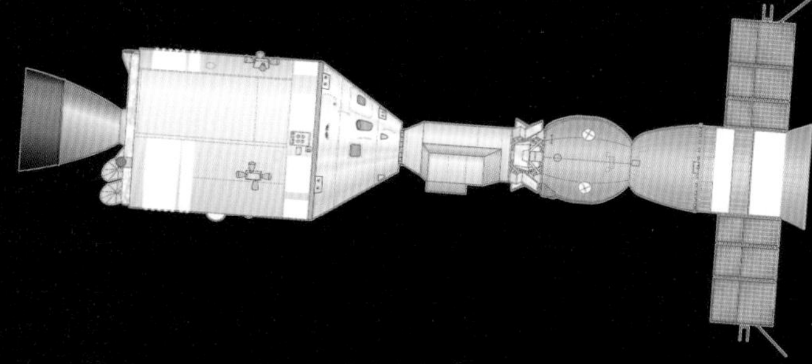

阿波羅－聯盟測試計畫

在太空競賽的敵對狀態之後，美國和蘇聯同意在太空中進行一次象徵性的握手。1975年，阿波羅和聯盟號太空船在軌道上完成對接。任務像發條一樣順利進行著，但阿波羅太空船在準備重返大氣層時，發生了故障，導致有毒的氮氣流入艙內。幸運的是，沒有一個太空人因此而喪生，儘管他們在著陸時被快速送往醫院，而且病了好幾個星期。

為了使會面更加輕鬆，雙方都嘗試講對方的語言。

阿波羅12號

阿波羅12號兩次被閃電擊中後，第二次載人前往月球的任務差點停擺。雖然閃電很危險，可能會破壞一些精密的系統，但任務仍按照計畫進行，而且沒有發生任何事故，直到它濺落在大西洋海面上。一道大浪導致相機掉在太空人艾倫·賓（Alan Bean）的頭上，在他頭上劃開了一道2.5公分的傷口。

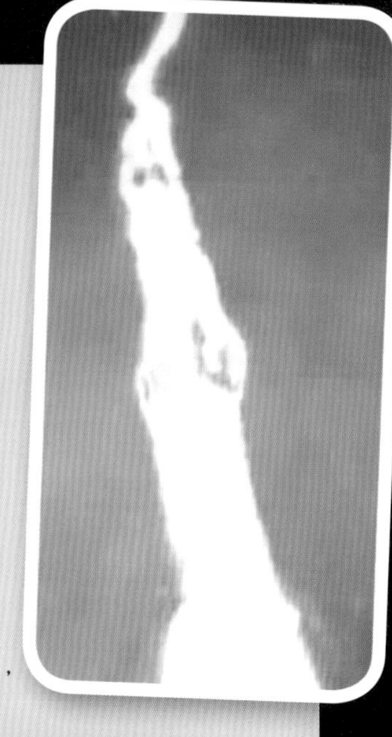

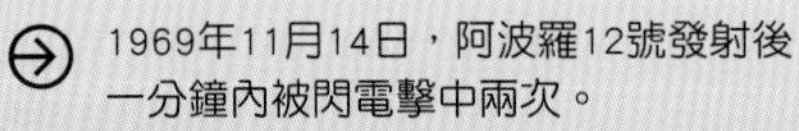

1969年11月14日，阿波羅12號發射後，一分鐘內被閃電擊中兩次。

挑戰者號和哥倫比亞號

NASA歷史上最嚴重的事件之一發生在1986年1月28日。太空梭挑戰者號（Challenger）在起飛大約一分鐘後，火箭助推器周圍的橡膠密封圈失靈，導致火勢在太空船裡蔓延開來，後來太空梭更在空中爆炸解體，此時有數百萬名觀眾正在觀看電視直播。2003年2月1日，歷史再度重演：太空梭哥倫比亞號在返回地球途中解體了。起飛時造成的小洞，在重回大氣層時導致太空梭的機翼掉落。兩次太空梭的災難，共有14名太空人喪生。

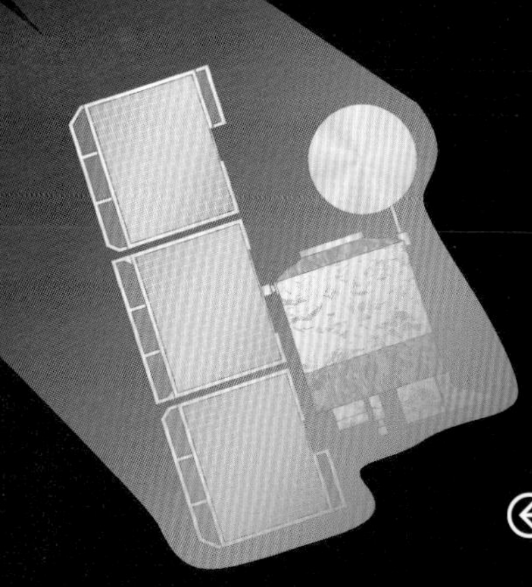

火星氣候探測者號在進入火星時燒毀。

登陸火星的失誤

為了更進一步了解火星，過程中發生了一些明顯的失誤。1999年，火星氣候探測者號（Mars Climate Orbiter）任務以災難告終，因為探測器在進入火星的大氣層時著火了。原因是什麼？當時把公制和英制的測量單位搞混了。2003年，小獵犬2號（Beagle 2）成功降落在火星上，但卻被自己的降落傘纏住，因此無法完成任務。

太空旅遊

在20世紀，只有政府掌握將人類送上太空的方法。在當時，即使是最優秀的美俄兩國太空人，也必須經過多年訓練，才有機會加入太空任務。但是現在，你只要有錢就可以上太空旅遊。

聯盟號

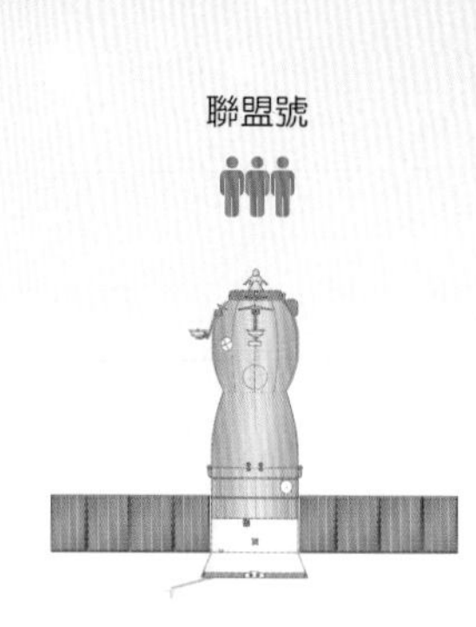

SpaceX
載人天龍號

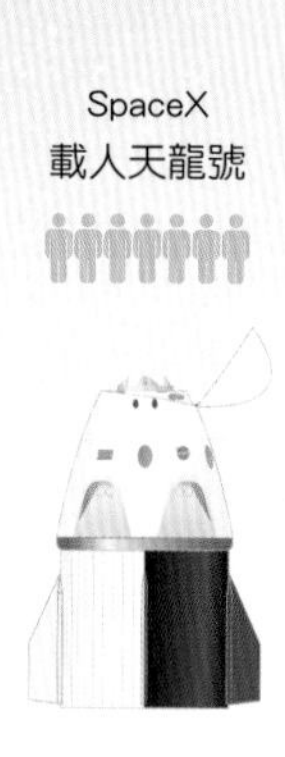

波音星際飛機

遊客上太空

2001年，美國商人丹尼斯・蒂托（Dennis Tito）成為第一位太空遊客，根據報導，他付了2,000萬美元，待在國際太空站六天。NASA一開始是持反對意見的，但後來發現有人付費參觀國際太空站，NASA可以從中獲益。在取消太空梭計畫後，NASA必須付費使用俄羅斯的聯盟號太空船，才能前往國際太空站。如果接受太空遊客到國際太空站旅遊，美國將可以為太空計劃籌募資金。2019年，NASA宣布將考慮每年送兩名太空遊客前往國際太空站，甚至開放製片廠在國際太空站拍電影。

波音

飛機製造商波音公司開發了Cst-100星際飛機，準備進行國際太空站的太空旅遊計畫。星際飛機和阿波羅太空船外觀相似，但具有更現代先進的內裝。這架飛機將載著七名遊客上太空，到時候遊客將穿著波音公司特別訂製的藍色太空衣。跟之前NASA笨重的太空衣相比，這些太空衣更輕便，還有可以使用觸控螢幕的手套。外形像軟糖的星際飛機太空艙，能夠在地球軌道上一次停留六個月，並可以重複使用多達10次。

星際飛機將搭載在擎天神5號火箭上發射升空。

SpaceX

2019年，美國私人公司SpaceX宣布將與NASA合作，以每張機票約5,200萬美元的價格，載送遊客到國際太空站，每張機票的主人可以在太空待一到兩個月。第一批遊客應該能夠在2020年代登上SpaceX的載人天龍號（Crew Dragon）太空艙。SpaceX是第一家使用天龍號太空船將物資運送到國際太空站的。如果國際太空站的旅遊運作順利，SpaceX表示之後將嘗試載送人類到月球。

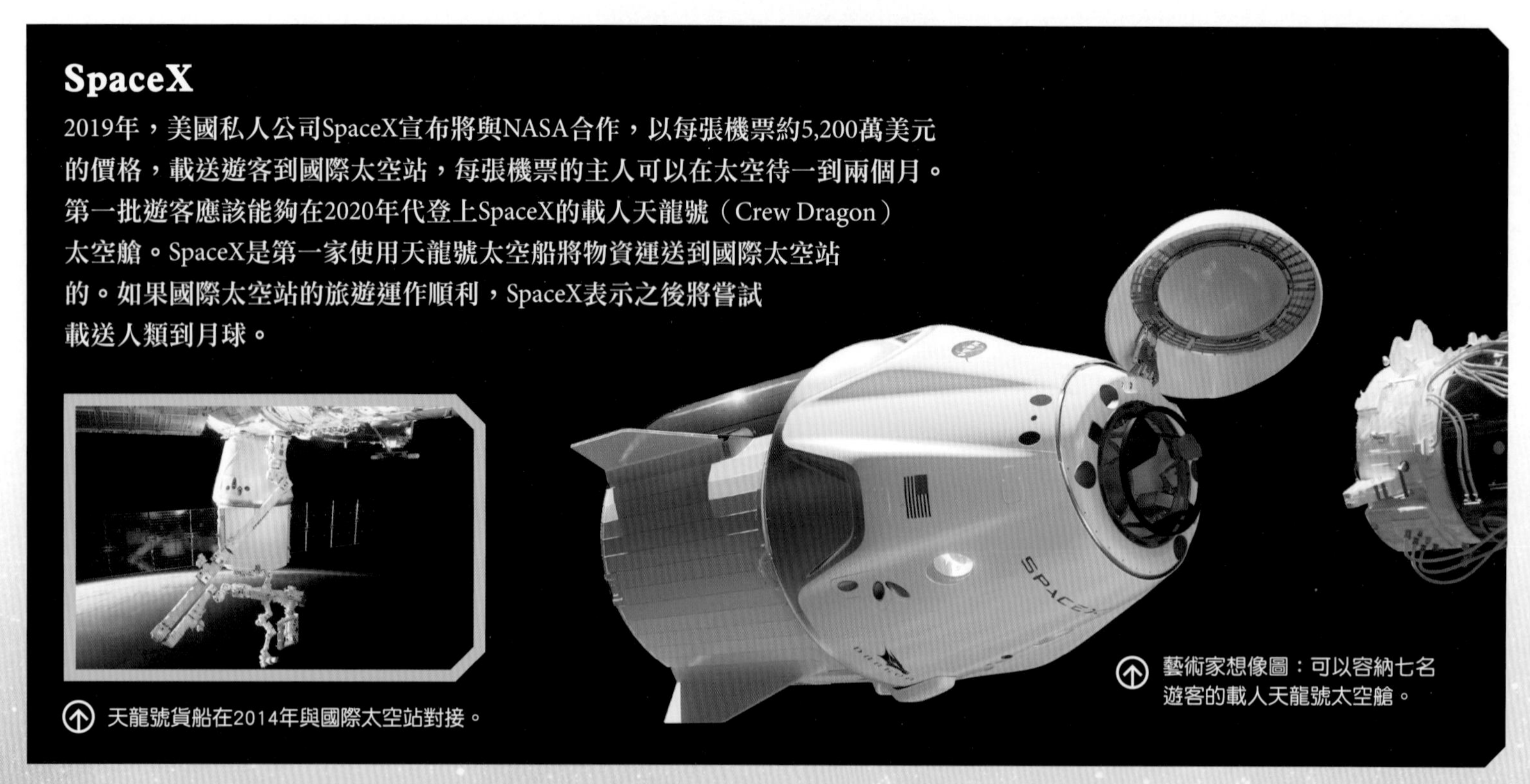

天龍號貨船在2014年與國際太空站對接。

藝術家想像圖：可以容納七名遊客的載人天龍號太空艙。

維珍

維珍公司販售次軌道太空飛機太空船2號（Spaceship two）的機票已經有好幾年了，然而第一批付費乘客至今還沒有飛上太空。這項計畫一直被各種問題打亂了程序，包括2014年試飛墜毀時有一名飛行員死亡。2018年12月，太空船2號首次抵達太空邊緣。2019年2月，太空人教練貝絲・摩西斯（Beth Moses）成為太空船2號的第一位測試乘客。來自60個國家的600多人，每人已經付了100,000美元，以確保太空船2號航班的座位，但首次商業起飛的預定日期仍遲遲未宣布。

太空船2號不是直接從地面起飛。它連結另一架飛機（如圖片顯示），被帶入上層大氣後，再發射進入太空。

可重複使用的太空船2號可搭載六位乘客，進行180分鐘的次軌道飛行，包括待在太空中幾分鐘。

藍色起源

藍色起源是另一家提供次軌道飛行的私人公司，搭乘的是自家開發的新雪帕德（New Shepard）火箭。新雪帕德火箭以美國第一位進入太空的太空人艾倫・雪帕德命名，是可重複使用的火箭，而且可以垂直起飛和降落。乘客將被直線發射到100公里左右的高度，體驗片刻失重狀態，然後再度下降到地面。整個飛行過程約10分鐘，票價根據報導在100,000美元到300,000美元之間。

新雪帕德軌道發射載具起飛。

新雪帕德軌道發射載具降落。

太空探索的未來

在太空探索的短暫歷史中，人類有了許多重大突破。但是跟廣闊的太空相比，我們的冒險並不算遠。所以，接下來是什麼？我們會殖民太陽系的行星嗎？或是移民到廣大、黑暗的未知世界？人類在太空的未來又會如何發展？

月球基地

在月球上建立永久人類基地的想法，已經討論了好幾年。歐洲太空總署已經制定了月球基地的計劃。月球上的基地將提供人類一個適應太空生活的機會，而且也可以作為進一步前往火星的跳板。隨著私人公司自行建造太空船的風潮崛起，太空探索已不再只是政府的管轄範圍。建立私人月球基地，並挖掘月球上的資源，例如水冰、礦物質和金屬，在不久的將來將成為可能。

火星上的生命

火星曾經是一個有點像地球的行星。火星現在沒有氧氣可以呼吸，但是學習適應這一點，被視為人類殖民新星球的必要第一步。火星基地可能會從一個前哨站開始，有自給自足的太空艙，例如國際太空站。等到更多殖民者抵達火星後，再增加更多的太空艙。一開始可能有實驗室、科學艙、居住艙，和蔬菜種植艙。

一些私人公司建議，希望能盡快於2028年在火星建造一個簡易的基地。

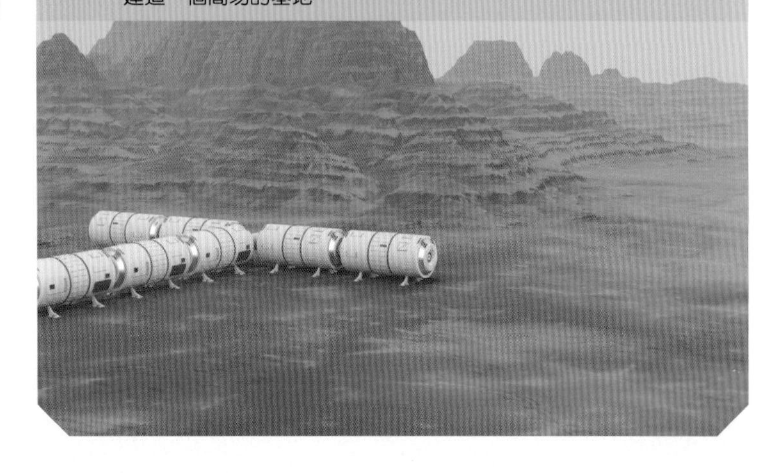

NASA希望2028年前，能在月球建立永久的人類基地。

巨大的望遠鏡

新的太空望遠鏡正在建造中，目的是掃描遙遠太空的系外行星。這些望遠鏡包括廣域紅外線巡天望遠鏡（Wide Field Infrared Survey Telescope，簡稱WFIRST），WFIRST首次計劃在2020年代中期發射，任務期限為五年，希望能發現大約2,600個新系外行星。

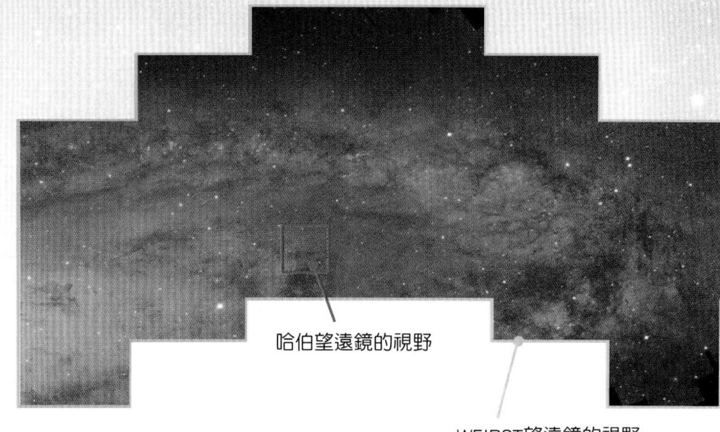

廣域紅外線巡天望遠鏡比哈伯望遠鏡的視野要寬廣許多。

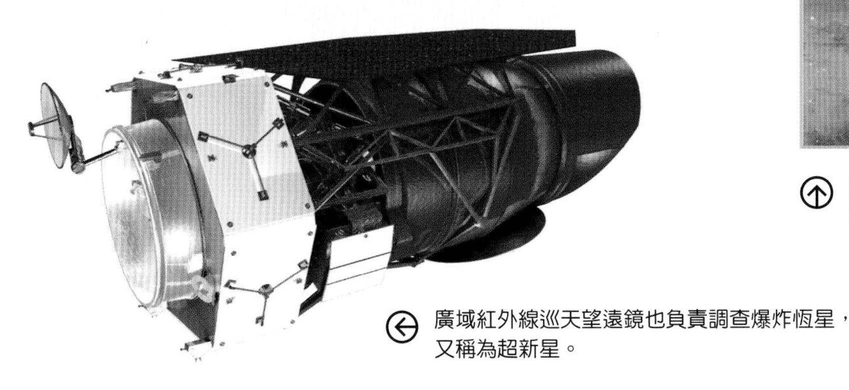

廣域紅外線巡天望遠鏡也負責調查爆炸恆星，又稱為超新星。

新的太空站

2019年，NASA宣布將自2020年起，開始接受一般旅客前往國際太空站，並考慮設置旅館型態的太空艙，與國際太空站連接。國際太空站預計將於2030年結束使命，並濺落在太平洋海面，屆時將有幾個新的太空站進入環繞地球的軌道。新的太空站結合國家和私人企業的力量，有望在未來發揮更多功能，包括太空旅遊到進行微重力的實驗。如果要維持太空站這個人類在太空中的長久據點，那麼國家和私人企業的力量都是不可或缺的。

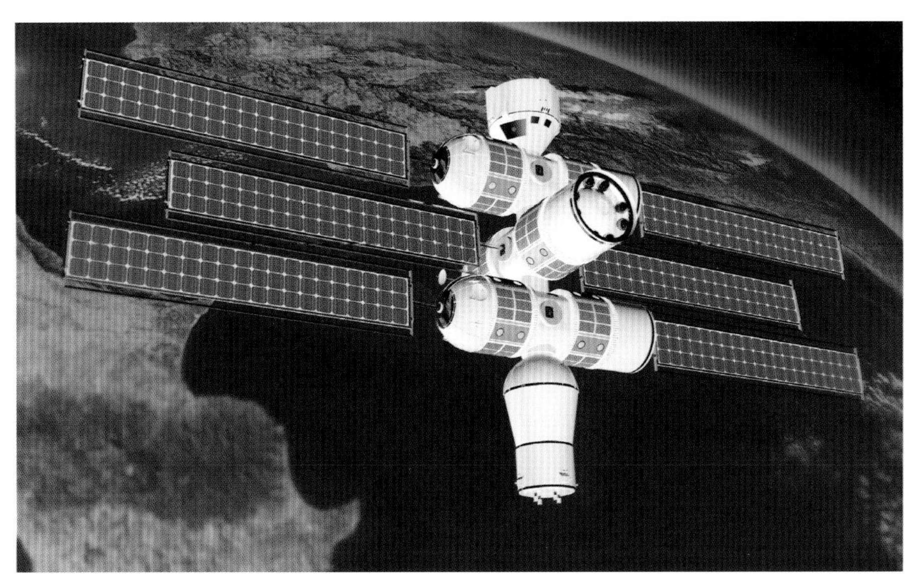

人類發射的衛星占據了地球低軌道，在不久的將來可能會逐漸成為私人公司的領域。

蜻蜓號

土星的衛星泰坦含有液體甲烷和乙烷，而且有氮氣大氣層，科學家認為這個星球可能成為人類殖民的新選擇。核動力太空船蜻蜓號（Dragonfly），預計於2026年發射。這艘太空船的無人機就是登陸器，兩者合而為一。蜻蜓號在2034年到達泰坦之後，將展開連續8公里的短程飛行，探索一個叫做香格里拉的黑暗地區。五年任務完成時，希望蜻蜓號會發現微生命的跡象——無論是存在的或潛在的。

蜻蜓號在泰坦降落的每個地點，都會對表面進行分析。

詞彙表

本書中的某些詞彙並不常見，有些是從事太空工作的人才會使用的科學或專業術語。如果你不確定某個詞彙是什麼意思，請查看下面的列表……

Armstrong Limit 阿姆斯壯極限
在地球上方約18公里的高度，因氣壓太低會使人體表面的液體開始沸騰，包括保持肺泡溼潤的體液，因此沒有穿著壓力服就無法呼吸。

Asteroids 小行星
岩石和金屬組成的小星球，環繞太陽軌道運行。

Biosignature 生物標記
可以測量的基準，例如顯示出液態水的光線模式，表示生命可能存在於其他星球上。

Black Hole 黑洞
將大量物質壓碎成微小空間的天體，強大的引力讓光線也無法逃逸。巨大的恆星用盡燃料時，有時會變成黑洞。

Comet 彗星
由一大塊塵埃和冰塊組成，靠近太陽時，會長出一條或多條由冰塊和塵埃組成的彗尾。

Command And Service Module 指揮服務艙
阿波羅太空船上的一部分，太空人搭乘指揮服務艙往返月球軌道。

Constellation 星座
明亮的星星在夜空中形成的圖案，通常以神話中的人物命名。

Cosmonaut 太空人
俄羅斯或蘇聯對太空人的稱呼。
（註：太空人的英文為 Astronaut，Cosmonaut 則專指俄國太空人。）

Cosmos (Universe) 宇宙
一切存在的事物。

Crater 隕石坑
在許多岩質行星、衛星和小行星上，發現的碗狀凹陷。大多是數十億年前，從太空墜落的巨大岩石撞擊所造成的。

Dwarf Planet 矮行星
一個小於行星但夠大夠圓的星球。目前在太陽系中發現了五個。

Ellipse 橢圓軌道
所有軌道都是橢圓形的。

Escape Velocity 脫離速度
為了逃離天體的重力並順利發射，太空船必須達到的速度。

Exoplanet 系外行星
不是繞著太陽轉，而是繞著其他恆星轉的行星。

Exosphere 外氣層
在像地球這樣的大型行星中，外氣層是大氣層的最外層，空氣稀薄，幾乎等於完全真空。小星球非常稀薄的大氣層，也稱為外氣層。

Extravehicular Activity (Eva) 艙外活動
太空人離開太空船，在太空中做的事。

Free Fall 自由落下
太空船或太空人在太空中航行，或是在繞地球或其他星球軌道運行時，假如引擎沒有點火，太空船或太空人就會自由落下。參考微重力。

G-Force （G力／重力）
物體或人在行星（或其他星球）表面，或在加速時，對物體或人的作用力（拉力）。

Gravitational Slingshot 重力彈弓效應
在太空船靠近星球時，一種利用星球的重力，來改變太空船速度和方向的技術。

Ion 離子
帶有電荷的原子或分子。

Kinetic Energy 動能
物體移動時所具備的能量。

Lander 登陸器
降落在行星或其他星球表面的無人太空船。

Meteor Or Shooting Star 流星
流星體從太空墜落時，在大氣層中燃燒所引起的發光軌跡。

Meteorite 隕石
流星體的殘骸從太空墜落並降落在地球上。

Meteroid 流星體
在太空中旅行的小塊岩石或金屬。

Microgravity 微重力
當太空船自由落下時，在艙內的人和物品幾乎是無重量的。但是所有物體互相都有微小的引力，輕微的速度變化也會引起輕微的重力。這種近失重狀態稱為微重力。

Milky Way 銀河系

包括太陽和太陽系的星系名稱。看起來就像是在夜空中的一抹牛奶。（註：銀河系的英文為milky Way與牛奶milk相似。）

Module 太空艙

太空船可拆卸的一部分。

Near Earth Object (Neo) 近地天體

任何接近地球的自然物體。大多數是小行星，有些是彗星。

Orbit 軌道

一個天體在太空中圍繞另一個天體的路徑。

Orbiter 軌道器

繞行其他星球軌道的無人探測器。

Organic Material 有機物質

任何含有碳的複雜化學物質。生命由有機化學物質組成。

Payload 酬載

太空船運載但不用於飛行的物品，例如生活用品和科學設備。

Planet 行星

一顆又大又圓的星球，繞著恆星軌道運行。

Probe 探測器

無人太空船，送往太空研究其他未知星球。

Propellant 推進劑

火箭燃料和燃燒所需的氧化劑。

Radiation Belts 輻射帶

行星周圍的區域，在這個區域裡，電子和帶電粒子被行星的磁場捕獲。

Rover 探測車

載人或機器人車輛，用於探索行星或月球表面。

Satellite 衛星

天然衛星就是月球。人造衛星就是被太空船放到軌道上的機器。

Seismic 地震的

與影響地球表面或其他星球的震動有關，通常是地震造成的。

Solar Flare 太陽閃焰

太陽表面一小部分的輻射噴發。

Solar System 太陽系

太陽和所有行星、衛星、彗星，和其他繞著太陽轉的天體。

Solar Wind 太陽風

從太陽流出進入太陽系的帶電粒子。

Space Junk 太空垃圾

太空任務遺留下來、繞行地球軌道的垃圾，包括死亡的衛星、廢棄的火箭、油漆碎片和塵埃顆粒。

Speed Of Light 光速

光線移動的速度。沒有比光線速度更快的。

Stage 節

火箭的可拆卸部分，每節火箭包含自己的引擎和推進劑。

Suborbital 次軌道

到達太空的太空飛行，但沒有達到進入地球軌道所需的速度。

Termination Shock 終端震波

在太陽風突然減速的地方，圍繞著太陽系的「氣泡」。一些天文學家認為這是太陽系的外圍邊界。

Transit 凌日

從另一個行星看過去，一個行星通過太陽正面的現象。從地球上，我們可以看到金星和水星的凌日。

Vaporise 蒸發

將固體或液體物質變成氣體。

Velocity 速度

物體沿著特定方向移動的速率。

索引

太空漫遊：探索千變萬化的星系，盡情漫遊宇宙！
The Complete Guide To Space Exploration

作　　者｜班・赫柏德（Ben Hubbard）
插　　畫｜迪納摩有限公司（Dynamo Limited）
譯　　者｜曾秀鈴

責任編輯｜陳品蓉
文字校對｜陳品蓉
封面設計｜高鍾琪
美術設計｜林素華

負 責 人｜陳銘民
發 行 所｜晨星出版有限公司
行政院新聞局局版台業字第 2500 號
地　　址｜台中市 407 工業區 30 路 1 號
電　　話｜04-2359-5820
傳　　真｜04-2355-0581
Email｜service@morningstar.com.tw
網　　址｜http://www.morningstar.com.tw
法律顧問｜陳思成律師

郵政劃撥｜15060393 知己圖書股份有限公司
讀者專線｜02-23672044

初　　版｜2022 年 2 月 1 日
定　　價｜新台幣 570 元

ISBN 978-626-7009-54-3

國家圖書館出版品預行編目（CIP）資料

太空漫遊：探索千變萬化的星系，盡情漫遊宇宙！／班・赫柏德（Ben Hubbard）著；迪納摩有限公司（Dynamo Limited）繪；曾秀鈴譯. -- 初版. -- 臺中市：晨星出版有限公司，2022.2
面；　公分
譯自：The Complete guide to space exploration
ISBN 978-626-7009-54-3（精裝）

1. 太空科學 2. 天文學 3. 通俗作品

326　　110012376

照片來源

The publisher would like to thank the following for their kind permission to reproduce their photographs:

(Key: a-above; b-below/bottom; c-centre; f-far; l-left; r-right; t-top)

Page 2/3 (b) NASA /J PL-Caltech ; **Page 4** (l) NASA, (r) NASA / JPL-Caltech / MSSS ; **Page 5** (cl) NASA, ESA, and S. Beckwith (STScl) and the HUDF Team, (cr) ESA / P. Carril ; **Page 6** (t) NASA, (cr) Getty Images / Fine Art Images / Heritage Images (b) NASA ; **Page 7** (cr) NASA, (bl) NASA, (br) NASA / JPL ; **Page 8** (b) Shutterstock / Erkki Makkonen (b) Shutterstock / Ivan Kurmyshov (r) Shutterstock / ployy ; **Page 9** (tl) Alamy / Science History Images, (tr) Alamy / Peter Horree, (bl) Alamy / Science History Images ; **Page 10** (l) Alamy / The Picture Art Collection, (b) Alamy / Stocktrek Images, Inc., (r) Alamy / World History Archive, (r) Shutterstock / Lia Koltyrina ; **Page 11** (l) National Geographic Image Collection / Alamy Stock Photo, (br) Shutterstock /Linda Moon ; **Page 12** (fl) Alamy / Archive World, (bl) Alamy / Artokoloro Quint Lox Limited, (r) Alamy / ITAR-TASS News Agency ; **Page 13** (l) NASA, (r) Chronicle / Alamy Stock Photo ; **Page 14** (l) Alamy / Photo 12, (b) Alamy / RGB Ventures / SuperStock, (r) Getty Images / US Army / The LIFE Picture Collection ; **Page 15** (l) Alamy / SPUTNIK (t) Alamy / Shawshots ; **Page 16** (l) NASA / U.S. Navy, (tr) NASA ; **Page 17** (t) NASA / JPL ; **Page 18** (l) NASA , (b) ESA / P. Carril ; **Page 19** (tr) NASA ; **Page 20** (l) Alamy / Heritage Image Partnership Ltd, (t) Getty Images / Keystone / Stringer (tr) Getty Images / Hulton-Deutsch Collection / CORBIS (r) NASA / Marshall Space Flight Center ; **Page 21** (l) NASA, (tr) NASA, (cr) Getty Images / Science Photo Library / STEVE GSCHMEISSNER ; **Page 22** (l) Getty Images / Heritage Images ; **Page 24** (l) NASA, (r) Getty Images / Bettmann ; **Page 25** (l) NASA, (r) Getty Images / Keystone / Staff, (b) NASA ; **Page 26** (l) Shutterstock / DinhoR10 (tr) NASA ; **Page 27** (tl) AFP via Getty Images, (r) NASA ; **Page 28/29** (all images) NASA ; **Page 30** (t) NASA ; **Page 31** (tr) Alamy / Dan Leeth ; **Page 32** (t) Shutterstock / Kal Pycco ; **Page 33** (t) NASA, (b) NASA ; **Page 34** / 35 (all) NASA ; **Page 38** (l) NASA, (r) NASA ; **Page 39** (br) NASA ; **Page 40** (tl) NASA, (bl) Shutterstock / Raymond Cassel, (cb) NASA / Goddard / Arizona State University ; **Page 41** (tl) CNSA/CLEP/CAS (r) ESA - P. Carril, (br) NASA ; **Page 42** (tr) Shutterstock / amskad ; **Page 44** (l) NASA, (c) NASA / Alex Gerst ; **Page 45** (bl) NASA, (tr) NASA, (br) Getty Images / Joe Raedle ; **Page 46/47** (c) NASA / Roscosmos ; **Page 50** (l) NASA / Johns Hopkins University Applied Physics Laboratory / Carnegie Institution of Washington, (c) NASA / Johns Hopkins University Applied Physics Laboratory / Carnegie Institution of Washington. (br) NASA / SDO / HMI / AIA ; **Page 51** (r) ESA/ATG medialab ; **Page 52** (bl) NASA/Johns Hopkins University Applied Physics Laboratory / Carnegie Institution of Washington, (br) NASA' s Goddard Space Flight Center / SDO ; **Page 53** NASA / Johns Hopkins University Applied Physics Laboratory / Carnegie Institution of Washington ; **Page 54** (l) NASA, (r) NASA/JPL, (c) NASA / JPL ; **Page 55** (bl) Sovfoto / Universal Images Group via Getty Images, (br) NASA / JPL ; **Page 56** (l) NASA, (r) ESA ; **Page 58** (l) ASA / JPL-Caltech, (c) NASA / JPL /USGS, (b) NASA / GSFC ; **Page 59** (bl) NASA / JPL-Caltech, (br) NASA / JPL / USGS ; **Page 61** (c) NASA / JPL-Caltech / MSSS ; **Page 62** (bl) NASA / JPL-Caltech / ESA / DLR / FU Berlin / MSSS ; **Page 63** (c) NASA / JPL/Cornell, (cr) NASA / JPL-Caltech, (tr) NASA / JPL-Caltech ; **Page 64** (l) NASA / JPL, (r) NASA / JPL ; **Page 65** (br) NASA / JPL-Caltech/Univ. of Arizona ; **Page 66** (c) NASA / JPL / Bj rn J nsson (b) NASA / JPL / Cornell University ; **Page 67** (br) NASA / ESA / J. Nichols (University of Leicester) ; **Page 68** (l) NASA ; **Page 69** (t) H. Hammel / MIT / NASA, (tl) NASA / JPL, (tr) NASA / JPL, (cl) NASA / JPL, (c) NASA / JPL / Ted Stryk, (cr) NASA/JPL/University of Arizona, (bl) NASA / JPL / DLR, (br) NASA / JPL / DLR ; **Page 70** (cl) NASA / JPL-Caltech / SETI Institute (br) NASA /J PL ; **Page 71** (br) NASA / JPL-Caltech / SwRI / MSSS / Kevin M. Gill ; **Page 72** (cl) NASA Ames, (c) NASA / JPL / Space Science Institute, (br) NASA / JPL-Caltech / Space Science Institute ; **Page 73** (cr) NASA / JPL-Caltech / Space Science Institute, (b) NASA / JPL-Caltech / SSI ; **Page 74** (cr) ESA / NASA / JPL / University of Arizona ; **Page 75** (tl) NASA / JPL-Caltech / ASI / Cornell, (tc) NASA / JPL-Caltech / Space Science Institute, (tr) NASA / JPL-Caltech / Space Science Institute, (bl) NASA/JPL-Caltech/Space Science Institute, (br) Getty Images / MARK GARLICK / SCIENCE PHOTO LIBRARY ; **Page 76** (cl) NASA / JPL-Caltech / SSI / Kevin M. Gill, (br) NASA / JPL-Caltech ; **Page 77** (br) NASA / JPL-Caltech / Space Science Institute ; **Page 78** (cl) NASA / JPL, (tr) NASA / JPL-Caltech, (bl) Lawrence Sromovsky, University of Wisconsin-Madison / W.W. Keck Observatory ; **Page 79** (br) NASA / JPL ; **Page 80** (cl) Alamy / Science Photo Library, (br) Getty Images / Stocktrek Images ; **Page 82** (c) NASA / Johns Hopkins University Applied Physics Laboratory / Southwest Research Institute, (cl) NASA / Johns Hopkins University Applied Physics Laboratory / Southwest Research Institute ; **Page 83** (tr) NASA / Johns Hopkins University Applied Physics Laboratory / Southwest Research Institute, (c) NASA / Johns Hopkins Applied Physics Laboratory / Southwest Research Institute, National Optical Astronomy Observatory ; **Page 84** (c) NASA / JPL-Caltech Photojournal ; **Page 85** (c) NASA / JPL ; **Page 86** (bl) PARKER SOLAR PROBE/NASA AND NAVAL RESEARCH LABORATORY, (c) NASA / Goddard / SDO ; **Page 87** (tc) NASA/Goddard Space Flight Center, (cr) NASA ; **Page 88** (tl) NASA / JPL (tr) NASA / JPL (b) NASA / JPL / JHUAPL (bl) Shuttertsock / AuntSpray ; **Page 89** (tl) NASA / JPL-Caltech / UCLA / MPS / DLR / IDA, (tr) NASA / JPL-Caltech / UCLA / MPS / DLR / IDA / Justin Cowart, (bc) Alamy Stock Photo / Newscom ; (br) Getty Images / JAXA /Michael Benson ; **Page 90** (l) Getty Images / DEA / G. DAGLI ORTI, (bl) ESA / MPAe Lindau, (cr) ESA / Rosetta / MPS for OSIRIS Team MPS / UPD / LAM / IAA / SSO / INTA / UPM / DASP /I DA ; **Page 91** (cl) ESA / ATG medialab, (tr) NASA / JPL-Caltech / UMD, (br) NASA / JPL ; **Page 92** (l) ESA, (br) ESO / E. Slawik ; **Page 93** (bl) Alamy / Science History Images ; **Page 94** (fl) NASA, (c) Getty Images / HENNING DALHOFF, (r) NASA / JPL-Caltech / ESO / R. Hurt ; **Page 95** (l) SCIENCE PHOTO LIBRARY / MIKKEL JUUL JENSEN, (r) NASA, ESA, G. Illingworth and D. Magee (University of California, Santa Cruz), K. Whitaker (University of Connecticut), R. Bouwens (Leiden University), P. Oesch (University of Geneva) and the Hubble Legacy Field team ; **Page 96** (l) NASA, (r) NASA / Ames / JPL-Caltech ; **Page 97** (l) NASA, (r) Event Horizon Telescope collaboration et al., (b) NASA / JPL-Caltech / ESA / CXC / STScl ; **Page 98** (l) Shutterstpock / zhengzaishuru, (r) Shutterstpock / Greg Mathieso ; **Page 99** (l) NASA' s Goddard Space Flight Center, (b) NASA / JPL-Caltech ; **Page 100** (l) NASA, (r) Getty images / Stanislav Krasilnikov / Contributor ; **Page 101** (t) Getty images / MATJAZ SLANIC, (b) NASA / JPL-Caltech, (r) NASA ; Page 102 (l) NASA, (t) NASA, (r) NASA ; **Page 103** (l) NASA , (tr) NASA, (b r) Shutterstock / Everett Historical ; **Page 104** (c) NASA, (bl) NASA, (br) NASA / SpaceX, (c) NASA/Joel Kowsky ; **Page 105** (l) Getty Images / GENE BLEVINS, (r) MARK RALSTON/AFP via Getty Images, (bl) (br) Alamy Stock Photo / Blue Horizon ; **Page 106** (bl) NASA, (cr) Getty Images / luismmolina, (tr) NASA / JPL / USGS, (l) NASA / GSFC / Arizona State University ; **Page 107** (l) NASA, (tr) NASA, ESA, PHAT Team, (bl) NASA, (cr) Shutterstock / Robusot, (br) NASA / JPL-Caltech / Space Science Institute

Technical illustrations by Richard Kruse at HistoricSpacecraft.com: **Page 5** (bl), **Page 15** (br), **Page 22** (c), **Page 23** (bl), **Page 34** (tr), **Page 37** (b), (r), **Page 42** (b) x 14, P**age 47** (r) x 4, **Page 49** (t) x 5, 51 (tl) x2, **Page 55** (tl) x 5, **Page 59** (tl) x4, (cr) x 4, **Page 60** (tl), **Page 67** (tl) x 4, (bl), **Page 69** (bl), (tr) x 2, **Page 73** (tl) x 3, **Page 74** (tr), **Page 79** (tl) x 2, **Page P83** (tl), **Page 85** (tl), **Page 87** (tl) x 2, **Page 88** (c), (bc), **Page 89** (tl), (cl), **Page 90** (bl), (t), **Page 91** (tr), (cr), **Page 98** (bl), (mr), **Page 99** (mr), **Page 103** (tl), **Page 104** (tr),

All other illustrations Dynamo Limited.　Background images/icons: Getty Images, Dreamstime and Dynamo Limited